环境监测实验

张新英　张超兰　刘绍刚　陈春强　主编

科学出版社

北京

内 容 简 介

　　本实验教材是配合环境监测课程编制的,主要涉及水和废水监测、空气和废气监测、土壤污染监测、生物污染监测、物理污染监测等内容,分为基础实验、综合性实验两个部分,参考了我国最新的国家标准分析方法,并结合学生的学习规律,强调了实验数据的整理和计算。本课程的学习旨在使学生对环境监测的全过程,如现场调查、监测计划设计、优化布点、样品采集、运送保存、分析测试、数据处理、综合评价等环节有全面的了解和掌握,并具备独立从事环境监测工作的能力。

　　本书可作为环境科学专业、环境工程专业及相关专业的教材和参考书,也可供相关科研工作者、研究生和本科生阅读使用。

图书在版编目(CIP)数据

环境监测实验/张新英等主编. —北京:科学出版社,2016.7

ISBN 978-7-03-049522-8

Ⅰ.①环… Ⅱ.①张… Ⅲ.①环境监测-实验 Ⅳ.①X83-33

中国版本图书馆 CIP 数据核字(2016)第 184455 号

责任编辑:郭勇斌 肖 雷/责任校对:孙婷婷
责任印制:张 伟/封面设计:众轩企划

科 学 出 版 社 出版

北京东黄城根北街 16 号
邮政编码:100717
http://www.sciencep.com

北京厚诚则铭印刷科技有限公司 印刷

科学出版社发行　各地新华书店经销

*

2016 年 8 月第 一 版　　开本:720×1000 1/16
2022 年 9 月第三次印刷　　印张:11
字数:220 000

定价:48.00 元

(如有印装质量问题,我社负责调换)

前　言

　　环境监测实验是环境监测课程的重要组成部分，是培养环境类专业学生环境监测能力的重要手段，也是众多学生走向社会从事环境监测工作的敲门砖。近年来，环境监测分析方法在国家标准中更新速度加快，需要对实验教材内容不断地进行更新。编者结合环境监测课程基础和国家最新的监测分析方法要求，编写了本书。

　　本书在编写过程中，结合国家标准分析方法和学生的学习规律，尽可能让实验更通俗易懂并具有可操作性，克服以往教材的不足，力求在内容和形式上有一定的创新，如各实验设计了各种适用的实验记录表，并在书后面附了实验准备方案模板和实验报告模板。

　　本书分为两篇，第一篇为基础实验，共有 5 章，第 1 章为水和废水监测，第 2 章为空气和废气监测，第 3 章为土壤污染监测，第 4 章为生物污染监测，第 5 章为物理污染监测；第二篇设计了三个综合性实验。教师可以根据专业特点，有重点地选择部分实验进行教学。

　　本教材由广西师范学院环境与生命科学学院张新英教授、广西大学环境学院张超兰教授、广西民族大学刘绍刚副教授、广西师范大学环境与资源学院陈春强老师联合编写，他们都是长期在一线从事教学工作的教师。

　　本书的出版得到北部湾环境演变与资源利用教育部重点实验室、广西西江流域生态环境与一体化发展协同创新中心、广西土壤污染与生态修复人才小高地等平台的经费资助，在此一并表示感谢。

　　由于编者水平所限，书中疏漏难免，敬请读者批评指正。

编　者

2016 年 6 月

目　录

第二篇　综合设计性实验

第一篇　基础实验

第 1 章　水和废水监测

实验 1.1　水样 pH 的测定——玻璃电极法

（参考 GB 6920—86）（A）

pH 是水中氢离子活度的负对数，$pH = -\log_{10} a_{H^+}$。天然水中的 pH 多为 6~9，这也是我国污水排放标准中 pH 的控制范围。pH 是水化学中常用的和最重要的检验项目之一。

一、实验目的

（1）了解 pH 计的工作原理。
（2）掌握水样 pH 测定的方法。

二、实验原理

在 25 ℃理想条件下，氢离子活度变化 10 倍，使电动势偏移 59.16 mV，根据电动势的变化测量出 pH。通常由参比电极（饱和甘汞电极）和指示电极（玻璃电极）所组成的电池进行测量。在仪器上直接以 pH 的读数表示。此外，温度差异在仪器上有补偿装置。

三、适用范围

本方法适用于饮用水、地表水及工业废水的 pH 测定。

四、主要仪器和试剂

（一）仪器和器皿

（1）各种型号的 pH 计或离子活度计，1 台/组。
（2）玻璃电极、甘汞电极各 1 支，或复合电极 1 支/组。

（3）磁力搅拌器，1 台/组。

（4）50 mL 烧杯，4 个/组，另备废液烧杯 1 个。

（5）洗瓶 1 个，吸液小滤纸条若干。

（二）试剂

测量 pH 前，按水样呈酸性、中性和碱性三种可能，配制以下三种标准溶液（可购买现成的试剂包溶解定容）：

（1）pH 标准溶液 1（pH=4.008，25 ℃）。称取已在 110～130 ℃ 干燥 2～3 h 的邻苯二甲酸氢钾（$KHC_8H_4O_4$）10.12 g，溶于水并在容量瓶中定容至 1 L。

（2）pH 标准溶液 2（pH=6.865，25 ℃）。分别称取已在 110～130 ℃ 干燥 2～3 h 的磷酸二氢钾（KH_2PO_4）3.388 g 和磷酸氢二钠（Na_2HPO_4）3.533 g，溶于水并在容量瓶中定容至 1 L。

（3）pH 标准溶液 3（pH=9.180，25 ℃）。称取四硼酸钠（硼砂，$Na_2B_4O_7 \cdot 10H_2O$）3.80 g，溶于新煮沸并冷却的无二氧化碳水中，在容量瓶中定容至 1 L。

五、实验步骤

（一）仪器校准

操作程序按仪器使用说明书进行。先将水样与标准溶液调至同一温度，记录测定温度，并将仪器温度补偿旋钮调至该测定温度值。

用标准溶液校正仪器。该标准溶液 pH 与水样 pH 相差不超过 2。先将电极浸入第一种标准溶液中，然后从标准溶液中取出电极，彻底冲洗并用滤纸吸干。再将电极浸入第二种标准溶液中，其 pH 大约与第一种标准溶液相差 3，如果仪器的显示值与第二种标准溶液的 pH 之差大于 0.1，就要检查仪器、电极和标准溶液是否存在问题。当三者均正常时，方可用于测定样品。

（二）样品测定

测定样品时，先用蒸馏水仔细冲洗电极，再用水样冲洗，然后将电极浸入样品中，小心摇动或搅拌以使样品均匀，静置，待读数稳定时记录 pH。

六、实验记录

将实验结果记录到表 1-1 中。

表 1-1　水样 pH 测定记录表

样品编号	水样类型	采样地点	测定 pH
1			
2			

实验 1.2　水样中悬浮物（不可滤残渣）的测定——重量法

（参考 GB 11901—89）（A）

悬浮物是指截留在滤料上并在 103～105 ℃烘至恒重的固体物质。地表水中存在的悬浮物会使水体浑浊，降低水体透明度，影响水生生物的呼吸和代谢，甚至造成鱼类窒息死亡。悬浮物数量较多时，还可能造成河道阻塞。造纸、皮革、冲渣、选矿、除尘等工业生产过程会产生含大量无机、有机悬浮物的废水。因此，在水和废水处理中，测定悬浮物具有特定意义。

一、实验目的

（1）掌握水样中悬浮物测定的原理和方法。
（2）熟悉测定水样中悬浮物的操作过程。

二、实验原理

将水样通过 0.45 μm 滤膜或中速定量滤纸，所得过滤物经 103～105 ℃烘干至恒重（两次重量之差小于 0.4 mg）后，称量滤料前后重量，就可得到悬浮物（SS）含量。

三、主要仪器和试剂

（1）电热鼓风干燥箱（公用）。
（2）干燥器（公用）。
（3）0.45 μm 滤膜及相应的全玻璃或有机玻璃微孔滤膜过滤器或中速定量滤纸（1 套/组）。
（4）称量瓶或铝盒（公用）。
（5）电子分析天平，感量 1/10000（公用）。
（6）量筒、烧杯、无齿扁嘴镊子、洗瓶等。

四、实验步骤

（1）采样。先用洗涤剂将聚乙烯瓶或硬质玻璃瓶洗净，再依次用自来水和蒸馏水冲洗干净，在采样之前用水样清洗三次，然后采集具有代表性的水样。采集的水样应尽快测定，如需放置，应储存在 4 ℃冷藏冰箱中，最长不超过 7 天。

（2）将滤膜放在称量瓶或铝盒中（如使用中速定量滤纸，则需先用蒸馏水冲洗滤纸，以除去滤纸上的可溶性物质），打开瓶盖，在 103~105 ℃烘箱中烘烤 2 h，取出置于干燥器中，待冷却后盖好瓶盖称重，反复以上操作，直至滤膜两次称重相差不超过 0.2 mg。

（3）分取除去漂浮物后振荡均匀的适量水样（一般取 100 mL），通过称重至恒重的滤膜（滤纸）过滤；用蒸馏水冲洗残渣 3~5 次。如样品中含油脂，再用 10 mL 石油醚分两次淋洗残渣。

（4）小心取下滤膜，放入原称量瓶（或铝盒）内，在 103~105 ℃烘箱中，打开瓶盖，烘烤 2 h，取出置于干燥器中，待冷却后盖好瓶盖称重，反复以上操作，直到滤膜恒重为止（两次称重相差不超过 0.4 mg）。

五、实验记录

实验记录如表 1-2 所示。

表 1-2   水样中悬浮物测定记录表

1	滤膜及称量瓶重 B/g	
2	悬浮物+滤膜及称量瓶重 A/g	
3	水样体积 V/mL	
4	水样中悬浮物含量/（mg/L）	

六、实验计算及结果

$$悬浮物含量(mg/L) = \frac{(A-B) \times 10^6}{V} \qquad (1-1)$$

式中：A——悬浮物+滤膜及称量瓶重，g；

B——滤膜及称量瓶重，g；

V——水样体积，mL。

七、注意事项

（1）树枝、水草、鱼等杂质应从水样中去除。

（2）水样黏度高时，可加 2～4 倍蒸馏水稀释，并振荡均匀，待沉淀物下降后再过滤。

实验 1.3　水样溶解氧（DO）的测定——碘量法

（参考 GB 7489—87）（A）

溶解在水中的分子态氧称为溶解氧。清洁的地表水中溶解氧一般接近于饱和。当水体受到有机、无机还原性物质的污染时，水体溶解氧的含量降低，导致水质恶化，鱼虾死亡。因此溶解氧是评价水质的重要指标之一。

一、实验目的

（1）了解溶解氧测定的意义。

（2）掌握碘量法测定溶解氧的原理和方法。

二、实验原理

在水中加入硫酸锰及碱性碘化钾溶液，生成氢氧化锰沉淀。此时氢氧化锰性质极不稳定，迅速与水中溶解氧化合生成锰酸锰：

$$2MnSO_4 + 4NaOH == 2Mn(OH)_2 \downarrow + 2Na_2SO_4$$
$$2Mn(OH_2) + O_2 == 2H_2MnO_3$$
$$H_2MnO_3 + Mn(OH)_2 == MnMnO_3 \downarrow + 2H_2O$$

(棕色沉淀)

加入浓硫酸使棕色沉淀（$MnMnO_3$）与溶液中所加入的碘化钾发生反应，从而析出碘，溶解氧越多，析出的碘也越多，溶液的颜色也就越深。

$$2KI + H_2SO_4 == 2HI + K_2SO_4$$
$$MnMnO_3 + 2H_2SO_4 + 2HI == 2MnSO_4 + I_2 + 3H_2O$$
$$I_2 + 2Na_2S_2O_3 == 2NaI + Na_2S_4O_6$$

用移液管取一定量的反应完毕的水样，以淀粉作指示剂，用硫代硫酸钠滴定释放出的碘，就能计算出溶解氧的含量。

三、主要仪器和试剂

1. 仪器

溶解氧瓶（250 mL）、锥形瓶（250 mL）、酸式滴定管（25 mL）、移液管（50 mL）、吸耳球。

2. 试剂

（1）浓硫酸（比重 1.84）。

（2）（1+5）H_2SO_4 溶液：1 体积浓硫酸与 5 体积水混合。

（3）硫酸锰溶液：称取 480 g $MnSO_4 \cdot 4H_2O$ 或者 364 g$MnSO_4 \cdot H_2O$ 溶于水中，稀释至 1000 mL。

（4）碱性碘化钾溶液：称取 500 g NaOH 溶于 300～400 mL 水中，另称取 150 g KI（或 135 g NaI）溶于 200 mL 水中，待 NaOH 溶液冷却后，将两溶液混合均匀，用水稀释至 1000 mL。静置 24 h 使 Na_2CO_3 下沉，倒出上层澄清液，储存于棕色瓶中。用橡皮塞塞紧，避光保存。

（5）1%（m/V）淀粉溶液：称取 1 g 可溶性淀粉，加少量水调成糊状，用刚煮沸的水冲稀至 100 mL。冷却后，加入 0.1 g 水杨酸或 0.4 g $ZnCl_2$ 防腐。

（6）0.02500 mol/L 的重铬酸钾标准溶液（1/6 $K_2Cr_2O_7$）：称取于 105～110 ℃烘烤 2 h 并置于干燥器中冷却至室温的 $K_2Cr_2O_7$ 1.2258 g，溶于水中，转移至 1000 mL 容量瓶中，用水稀释至刻度线，摇匀。

（7）硫代硫酸钠溶液：称取 6.2 g 硫代硫酸钠（$Na_2S_2O_3 \cdot 5H_2O$），溶于凉开水中，加入 0.2 g 无水 Na_2CO_3，用水稀释至 1000 mL，储存于棕色瓶中。使用前用 0.02500 mol/L 的 $K_2Cr_2O_7$ 标准溶液按下面方法标定。

硫代硫酸钠的标定方法：于 250 mL 碘量瓶中，加入 100 mL 水和 1 g KI，用移液管加入 0.02500 mol/L 的 $K_2Cr_2O_7$ 标准溶液 10.00 mL、（1+5）H_2SO_4 溶液 5 mL，盖紧瓶塞，摇匀。

置于暗处 5 min 后，用待标定的硫代硫酸钠溶液滴定至由棕色变为淡黄色时，加入 1 mL 淀粉溶液，继续滴定至蓝色刚好褪去为止，记录待标定的硫代硫酸钠用量。按式（1-2）计算硫代硫酸钠的浓度：

$$M = \frac{10.00 \times 0.02500}{V_1} \tag{1-2}$$

式中：M——硫代硫酸钠的浓度，mol/L；

V_1——标定时消耗硫代硫酸钠的体积，mL。

四、实验步骤

（一）水样的采集

采集水样时，先用水样冲洗溶解氧瓶，再沿瓶壁直接注入水样或用虹吸法将吸管插入溶解氧瓶底部，注入水样至溢流出瓶容积的 1/3～1/2。注意不要使水样曝气或有气泡残存在溶解氧瓶中。

（二）溶解氧的固定

用刻度吸管吸取 $MnSO_4$ 溶液 1 mL、碱性 KI 溶液 2 mL，将吸管插入溶解氧瓶中水样液面下，加入水样中。盖紧瓶塞，将溶解氧瓶颠倒混合一次，静置。待沉淀降至瓶内一半位置时，再颠倒混合一次，待沉淀物下降至瓶底。

一般在取样现场完成溶解氧的固定。

（三）碘的析出

轻轻打开瓶塞，用刻度吸管吸取 2.0 mL 浓 H_2SO_4，插入液面下加入，盖紧瓶塞。颠倒混合，直至沉淀物全部溶解为止，将溶解氧瓶放置于暗处 5 min。

（四）水样的滴定

用移液管吸取 100.0 mL 上述溶液于 250 mL 锥形瓶中，用 $Na_2S_2O_3$ 标准溶液滴定至溶液呈淡黄色，加入 1 mL 淀粉溶液。继续滴定至蓝色刚好褪去，记录硫代硫酸钠标准溶液用量 V。

五、实验记录表

实验记录如表 1-3 所示。

表 1-3　碘量法测定溶解氧记录表

1	标定时消耗硫代硫酸钠标准溶液用量 V_1/mL	
2	硫代硫酸钠标准溶液的浓度 M/（mol/L）	
3	滴定水样时消耗硫代硫酸钠标准溶液用量 V/mL	

六、实验计算及结果

$$溶解氧(O_2, \text{mg/L}) = \frac{M \times V \times 8 \times 1000}{100} \qquad (1\text{-}3)$$

式中：M——硫代硫酸钠标准溶液的浓度，mol/L；

V——滴定时消耗硫代硫酸钠标准溶液用量，mL。

实验 1.4　水样高锰酸盐指数的测定——酸性法

（参考 GB 11892—89）（A）

以高锰酸钾溶液为氧化剂测得的化学需氧量称为高锰酸盐指数，以氧的 mg/L 来表示。水中的亚硝酸盐、亚铁盐、硫化物等还原性无机物和在此条件下可被氧化的有机物，均可消耗高锰酸钾。因此，高锰酸盐指数常被作为表征水体受还原性有机（无机）物质污染程度的综合指标。

一、实验目的

（1）掌握酸性法测定水样高锰酸盐指数的原理和过程。

（2）掌握高锰酸钾溶液的配制、标定方法。

（3）熟悉酸性法测定水样高锰酸盐指数的方法和过程。

二、实验原理

在水样中加入硫酸使其呈酸性后，加入一定量的高锰酸钾溶液，并在沸水浴中加热反应一段时间。剩余的高锰酸钾用草酸钠标准溶液还原，再用高锰酸钾溶液回滴过量的草酸钠，进而计算出高锰酸盐指数值。

高锰酸盐指数是一个相对的条件性指标，其测定结果与溶液的酸度、高锰酸盐浓度、加热温度和时间有关。因此，测定时必须严格遵守操作规定，使结果具有可比性。

三、方法的适用范围

酸性法适用于氯离子含量不超过 300 mg/L 的水样。

当水样的高锰酸盐指数值超过 5 mg/L 时，酌情分取少量水样，用蒸馏水稀释后再进行测定。

四、主要仪器和试剂

（一）仪器和器皿

（1）水浴锅（公用）。

（2）铁架台，1 套/组。

（3）25 mL 酸式滴定管，2 支/组。

（4）50 mL 烧杯，2 个/组。

（5）5 mL 移液管，1 支/组。

（6）10 mL 移液管，2 支/组。

（7）移液管架，1 个/组。

（8）100 mL 移液管，2 支/组。

（9）100 mL 量筒，2 个/组。

（10）其他：吸耳球，标签纸、胶头滴管等。

（二）试剂

（1）高锰酸钾溶液（0.1 mol/L 的 $KMnO_4$）：称取 3.2 g 高锰酸钾溶于 1.2 L 水中，加热煮沸，使体积减少到约 1 L，放置过夜，用 G3 玻璃砂芯漏斗过滤后，将滤液储存于棕色瓶中保存。

（2）高锰酸钾溶液（0.01 mol/L 的 $KMnO_4$）：吸取 100 mL 上述高锰酸钾溶液，用水稀释至 1000 mL，储存于棕色瓶中（使用当天应进行标定）。

（3）（1+3）硫酸。

（4）草酸钠标准溶液（$Na_2C_2O_4=0.1000$ mol/L）：称取 0.6705 g 在 105～110 ℃烘烤 1 h 并冷却的草酸钠，溶于水，移入 100 mL 容量瓶中，用水稀释至标线。

（5）草酸钠标准溶液（$Na_2C_2O_4=0.0100$ mol/L）：吸取 10.00 mL 上述草酸钠溶液，移入 100 mL 容量瓶中，用水稀释至标线。

（6）葡萄糖溶液（$COD_{Mn}=4.0$ mg/L）：称取 0.1584 g 葡萄糖溶于水，定容到 1000 mL。再取 40 mL 稀释到 1000 mL。

五、实验步骤

（1）分取 100 mL 混合水样（如高锰酸盐指数高于 5 mg/L，则酌情分取少量水样，并用水稀释至 100 mL）置于 250 mL 锥形瓶中。

（2）加入 5 mL（1+3）硫酸，混合均匀。

（3）加入 10.00 mL 0.01 mol/L 的高锰酸钾溶液，摇匀，立即放入沸水浴中加热 30 min（从水浴重新沸腾起计时）。沸水浴液面要高于反应溶液的液面。

（4）取下锥形瓶，趁热加入 10.00 mL 0.0100 mol/L 的草酸钠标准溶液，摇匀。立即用 0.01 mol/L 的高锰酸钾溶液滴定至显微红色,记录高锰酸钾溶液消耗量 V_1。

（5）高锰酸钾溶液浓度的标定：将上述已滴定完毕的溶液加热至 70 ℃，准确加入 10.00 mL 草酸钠标准溶液（0.0100 mol/L），再用 0.01 mol/L 的高锰酸钾溶液滴定至显微红色。记录高锰酸钾溶液的消耗量 V，按式（1-4）求得高锰酸钾溶液的校正系数 K。

$$K=\frac{10.00}{V} \tag{1-4}$$

式中：V——标定时高锰酸钾溶液消耗量，mL。

（6）若水样经稀释，应同时另取 100 mL 稀释水，同水样操作步骤进行空白试验。记录空白试验高锰酸钾溶液消耗量 V_0。

六、实验记录

实验记录如表 1-4 所示。

表 1-4　酸性法测高锰酸盐指数记录表

1	标定时，高锰酸钾溶液消耗量 V/mL	
2	高锰酸钾溶液的校正系数 K	
3	水样的体积 V_2/mL	
4	滴定时，消耗高锰酸钾溶液的量 V_1/mL	
5	空白试验中消耗高锰酸钾溶液的量 V_0/mL	

七、实验计算及结果

（1）水样不经稀释。

$$高锰酸盐指数(O_2, mg/L)=\frac{[(10+V_1)K-10]\times M\times 8\times 1000}{V_2} \tag{1-5}$$

式中：V_1——滴定水样时，高锰酸钾溶液的消耗量，mL；

　　　V_2——分取水样的量，mL；

　　　K——校正系数；

　　　M——高锰酸钾溶液浓度，mol/L；

　　　8——氧（1/2O）摩尔质量，g/mol。

（2）水样经稀释。

$$高锰酸盐指数(O_2, mg/L)=\frac{\{[(10+V_1)K-10]-[(10+V_0)K-10]\times c\}\times M\times 8\times 1000}{V_2} \quad (1-6)$$

式中：V_0——空白试验中高锰酸钾溶液的消耗量，mL；

　　　V_1——滴定水样时高锰酸钾溶液的消耗量，mL；

　　　V_2——分取水样的量，mL；

　　　c——稀释的水样中含水的比值，例如：10.0 mL 水样用 90 mL 水稀释至 100 mL，则 c=0.90。

八、注意事项

（1）在水浴中加热完毕后，溶液仍应保持淡红色，如变浅或全部褪去，说明高锰酸钾的用量不够。此时，应将水样稀释倍数加大后再测定。

（2）在酸性条件下，草酸钠和高锰酸钾的反应温度应保持在 60～80 ℃，所以滴定操作必须趁热进行，若溶液温度过低，需适当加热。

实验 1.5　水样化学需氧量（COD_{Cr}）的测定

（Ⅰ）重铬酸钾法

（参考 GB 11914—89）（A）

化学需氧量（Chemical Oxygen Demand，COD），是指在一定条件下，用强氧化剂处理水样时所消耗氧化剂的量，以氧的 mg/L 来表示。化学需氧量反映了水中受还原性物质污染的程度。水中还原性物质包括有机物、亚硝酸盐、亚铁盐、硫化物等。水被有机物污染的现象很普遍，因此，化学需氧量也作为水体有机物相对含量的指标之一。

水样的化学需氧量，可受加入氧化剂的种类及浓度、反应溶液的酸度、反应温度和时间的不同，以及催化剂的有无影响而获得不同的结果。因此，化学需氧量亦是一个条件性指标，必须严格按操作步骤进行。

对于工业废水，我国规定用重铬酸钾法测定，其测得的值称为化学需氧量。

一、实验目的

（1）掌握用重铬酸钾法测定水样化学需氧量的原理和过程。

（2）掌握硫酸亚铁铵标准溶液的配制、标定过程。

（3）熟悉重铬酸钾法测定水样 COD_{cr} 的操作。

二、实验原理

在强酸性溶液中，用一定量的重铬酸钾氧化水样中还原性物质，过量的重铬酸钾以试亚铁灵作指示剂，用硫酸亚铁铵溶液回滴。根据硫酸亚铁铵溶液的用量算出水样中的还原性物质消耗氧的量。

三、方法的适用范围

用 0.25 mol/L 的重铬酸钾溶液，可测定大于 50 mg/L 的 COD 值；用 0.025 mol/L 的重铬酸钾溶液，可测定 5～50 mg/L 的 COD 值，但准确度较差。

四、主要仪器和试剂

（一）仪器和器皿

（1）回流装置：250 mL 锥形瓶的全玻璃回流装置，如图 1-1 所示（如取样量在 30 mL 以上，采用带 500 mL 锥形瓶的全玻璃回流装置）。

图 1-1 重铬酸钾法测定 COD 的回流装置

（2）加热装置：变阻电炉或加热板。

（3）50 mL 酸式滴定管、移液管、量筒、锥形瓶、烧杯等。

（二）试剂

（1）重铬酸钾标准溶液（1/6 $K_2Cr_2O_7$=0.2500 mol/L）：称取预先在 120 ℃ 下烘烤 2 h 的基准或优级纯重铬酸钾 12.258 g 溶于水中，移入 1000 mL 容量瓶，稀释至标线，摇匀。

（2）试亚铁灵指示液：称取 1.485 g 邻菲罗啉（$C_{12}H_8N_2 \cdot H_2O$，1，10-Phenanthroline）、0.695 g 硫酸亚铁（$FeSO_4 \cdot 7H_2O$）溶于水中，稀释至 100 mL，储存于棕色瓶内。

（3）硫酸亚铁铵标准溶液[0.1 mol/L$(NH_4)_2Fe(SO_4)_2 \cdot 6H_2O$]：称取 39.5 g 硫酸亚铁铵溶于水中，边搅拌边缓慢加入 20 mL 浓硫酸，冷却后移入 1000 mL 容量瓶中，加水稀释至标线，摇匀。临用前，用重铬酸钾标准溶液标定。

硫酸亚铁铵标准溶液的标定方法：准确吸取 10.00 mL 重铬酸钾标准溶液于 500 mL 锥形瓶中，加水稀释至 110 mL 左右，缓慢加入 30 mL 浓硫酸，混合均匀。冷却后，加入 3 滴试亚铁灵指示液（约 0.15 mL），用硫酸亚铁铵溶液滴定，溶液的颜色由黄色经蓝绿色变成红褐色即为终点。

$$c[(NH_4)_2Fe(SO_4)_2] = \frac{0.2500 \times 10.00}{V'} \qquad (1\text{-}7)$$

式中：c——硫酸亚铁铵标准溶液的浓度，mol/L；

V'——标定时消耗硫酸亚铁铵标准溶液的量，mL。

（4）硫酸-硫酸银溶液：于 2500 mL 浓硫酸中加入 25 g 硫酸银。放置 1～2 d，不时摇动使其溶解（如无 2500 mL 容器，也可在 500 mL 浓硫酸中加入 5 g 硫酸银）。

（5）硫酸汞：结晶或粉末状。

（6）邻苯二甲酸氢钾标准溶液（COD_{Cr}=500 mg/L）：称取 0.4251 g 邻苯二甲酸氢钾溶于重蒸馏水中，定容到 1000 mL（用时新配）。

五、实验步骤

（1）将 20.00 mL 混合均匀的水样（或适量水样稀释至 20.00 mL）置于 250 mL 磨口的回流锥形瓶中，准确加入 10.00 mL 重铬酸钾标准溶液及数粒小玻璃珠或沸石，连接磨口回流冷凝管，从冷凝管上口慢慢地加入 30 mL 硫酸-硫酸银溶液，轻轻摇动锥形瓶使溶液混合均匀，加热回流 2 h（自开始沸腾时计时）。

注意：①如果化学需氧量很高，则水样应多次稀释，稀释时，所取水样量不得少于 5 mL；②水样中氯离子含量超过 30 mg/L 时，应先把 0.4 g 硫酸汞加入回流锥形瓶中，再加 20.00 mL 水样（或适量水样稀释至 20.00 mL），摇匀。

（2）冷却后，用 90 mL 水冲洗冷凝管壁，取下锥形瓶。溶液总体积不得少于 140 mL，否则会因酸度太大，滴定终点不明显。

（3）溶液再度冷却后，加入 3 滴试亚铁灵指示液，用硫酸亚铁铵标准溶液滴定，溶液的颜色由黄色经蓝绿色变成红褐色即为终点，记录硫酸亚铁铵标准溶液的用量 V_1。

（4）测定水样的同时，以 20.00 mL 重蒸馏水，按相同操作步骤进行空白试验。记录滴定空白样时硫酸亚铁铵标准溶液的用量 V_0。

六、实验记录表

实验记录如表 1-5 所示。

表 1-5　重铬酸钾法测 COD_{Cr} 记录表

1	标定时消耗硫酸亚铁铵标准溶液的量 V/mL	
2	硫酸亚铁铵标准溶液的浓度 c/（mg/L）	
3	水样的体积 V/mL	
4	滴定水样时消耗硫酸亚铁铵标准溶液 V_1/mL	
5	滴定空白时消耗硫酸亚铁铵标准溶液 V_0/mL	

七、实验计算及结果

$$COD_{cr}(O_2, mg/L) = \frac{(V_0 - V_1) \times c \times 8 \times 1000}{V} \qquad (1-8)$$

式中：c——硫酸亚铁铵标准溶液的浓度，mol/L；

$\quad\quad V_0$——滴定空白时消耗硫酸亚铁铵标准溶液用量，mL；

$\quad\quad V_1$——滴定水样时消耗硫酸亚铁铵标准溶液用量，mL；

$\quad\quad V$——水样的体积，mL；

$\quad\quad 8$——氧（1/2O）摩尔质量，g/mol。

八、注意事项

（1）校核试验：按测定水样提供的方法分析 5.0 mL 邻苯二甲酸氢钾标准溶液的 COD 值，用以检验操作技术及试剂纯度。该溶液的理论 COD 值为 500 mg/L，如果校核试验的结果大于该值的 96%，即可认为实验步骤基本上是适宜的，否则，必须寻找失败的原因，重复实验，使之达到要求。

（2）去干扰试验：无机还原性物质如亚硝酸盐、硫化物及二价铁盐将使结果增加，将其需氧量作为水样 COD 值的一部分是可以接受的。该实验的主要干扰物为氯化物，可加入硫酸汞部分地去除，经回流后，氯离子可与硫酸汞结合成可溶性的氯汞络合物。当氯离子含量超过 1000 mg/L 时，COD 的最低允许值为 250 mg/L，低于此值结果的准确度就不可靠。

（3）COD_{Cr} 的测定结果应保留 3 位有效数字。

（4）本方法适用于各种类型的含 COD 值大于 30 mg/L 的水样，对未经稀释的水样的测定上限为 700 mg/L。该方法不适用于含氯化物浓度大于 1000 mg/L（稀释后）的含盐水。

（5）水样取用体积在 10.00～50.00 mL 范围内，试剂用量及浓度需按表 1-6 进行相应调整，也可得到满意的结果。

表 1-6　水样取用量和试剂用量表

水样体积/mL	0.2500 mol/L $K_2Cr_2O_7$ 溶液/mL	H_2SO_4-Ag_2SO_4 溶液/mL	$HgSO_4$/g	[$(NH_4)_2Fe(SO_4)_2$]/（mol/L）	滴定前总体积/mL
10.0	5.0	15	0.2	0.050	70
20.0	10.0	30	0.4	0.100	140
30.0	15.0	45	0.6	0.150	210
40.0	20.0	60	0.8	0.200	280
50.0	25.0	75	1.0	0.250	350

（Ⅱ）微波消解法

一、实验目的

（1）掌握用微波消解法测定 COD 的原理和方法。
（2）掌握用微波消解法测定 COD 的操作过程。

二、实验原理

在水样中准确加入过量的重铬酸钾标准溶液，并在强酸介质下以银盐作催化剂，反应液在微波作用下分子间产生高速的摩擦作用，从而使温度迅速升高。另外利用密封消解的方法，使消解罐内部压力迅速提高，缩短了消解时间。水样经微波加热消解后，过量的重铬酸钾以试亚铁灵为指示剂，用硫酸亚铁铵进行滴定，计算出 COD_{Cr} 值。消解时间根据表 1-7 进行设定：

表 1-7　消解时间设定表

消解罐数目	4	5	6	7	8	9	10
消解时间/min	10	10	10	12	14	16	18

三、主要仪器与试剂

（一）仪器

实验所用仪器包括微波消解仪、聚四氟乙烯消解罐、酸式滴定管、锥形瓶、移液管等。

（二）试剂

除非另有说明，实验时所用试剂均为符合国家标准的分析纯试剂，试验用水均为蒸馏水或同等纯度的水。

（1）硫酸银（Ag_2SO_4），化学纯。

（2）硫酸汞（$HgSO_4$），化学纯。

（3）浓硫酸（H_2SO_4），ρ=1.84 g/mL。

（4）硫酸银-硫酸试剂：向 1 L 浓硫酸中加入 10 g 硫酸银，放置 1～2 d 使之溶解，混匀，使用前小心摇动。

（5）重铬酸钾标准溶液。

①高浓度 $K_2Cr_2O_7$ 溶液[c（1/6 $K_2Cr_2O_7$）=0.250 mol/L]：称取预先在 120 ℃烘烤 2 h 后的基准或优级纯重铬酸钾 12.258 g 溶于水中，转移至 1000 mL 容量瓶中，定容，摇匀。

②低浓度 $K_2Cr_2O_7$ 溶液[c（1/6 $K_2Cr_2O_7$）=0.0250 mol/L]：将溶液①稀释 10 倍而成。

（6）试亚铁灵指示液：称取 1.485 g 邻菲罗啉、0.695 g 硫酸亚铁（$FeSO_4·7H_2O$）溶于水中，稀释至 100 mL，储存于棕色瓶内。

（7）硫酸亚铁铵标准溶液。

①高浓度硫酸亚铁铵标准溶液（c[$(NH_4)_2Fe(SO_4)_2·6H_2O$]≈0.10 mol/L）：溶解 39.5 g 硫酸亚铁铵[$(NH_4)_2Fe(SO_4)_2·6H_2O$]于水中，加入 20 mL 浓硫酸，待溶液冷却后稀释至 1000 mL。

②低浓度硫酸亚铁铵标准溶液（c[$(NH_4)_2Fe(SO_4)_2·6H_2O$]≈0.010 mol/L）：将溶液①稀释 10 倍而成。

以上硫酸亚铁铵标准溶液在临用前，都必须用重铬酸钾标准溶液准确标定其浓度。标定方法如下：

准确吸取 10.00 mL 重铬酸钾标准溶液置于 500 mL 锥形瓶中，用水稀释至110 mL 左右，缓慢加入 30 mL 浓硫酸，混匀，冷却后，加 3 滴（约 0.15 mL）试亚铁灵指示剂，用硫酸亚铁铵溶液滴定，当溶液颜色由黄色经蓝绿色变为红褐色，即为终点。记录硫酸亚铁铵的消耗量（mL）。

$$c[(NH_4)_2Fe(SO_4)_2] = \frac{0.2500 \times 10.00}{V'} \tag{1-9}$$

式中：c——硫酸亚铁铵标准溶液的浓度，mol/L；

　　　V'——标定时消耗硫酸亚铁铵标准溶液的量，mL。

注意：标定低浓度溶液时使用低浓度的 $K_2Cr_2O_7$ 标液，标定高浓度溶液时使用高浓度的 $K_2Cr_2O_7$ 标液。

（8）邻苯二甲酸氢钾标准溶液（c（$KC_6H_5O_4$）=2.0824 mol/L）：称取 105 ℃时干燥 2 h 的邻苯二甲酸氢钾（$HOOCC_6H_4COOK$）0.4251 g 溶于水，并稀释至1000 mL，混匀。以重铬酸钾为氧化剂，将邻苯二甲酸氢钾完全氧化的 COD 值为1.1768 氧/克（指 1 g 邻苯二甲酸氢钾耗氧 1.176 g），故该标准溶液的理论 COD 值为 500 mg/L。

四、实验步骤

（一）样品的采集

水样要采集于玻璃瓶中，应尽快分析。如不能立即分析时，应加入浓硫酸调 pH<2，置于 4 ℃下保存。但保存时间不多于 5 d。采集水样的体积不得少于 100 mL。

（二）水样的测定

（1）准确移取待测水样 5 mL、重铬酸钾溶液 5 mL 于消解罐中，然后缓慢加入 5 mL H_2SO_4-Ag_2SO_4 溶液，摇匀，旋紧密封盖，注意使消解罐密封良好。

（2）将消解罐均匀放入微波消解仪玻璃转盘中，离转盘边沿 2 cm 圆周上单圈排好，按照消解罐数与消解时间对应表设置消解时间，启动消解仪。

（3）消解结束后取出消解罐，冷却。然后将消解液转移至锥形瓶中，用少量水冲洗罐帽和罐体内部，洗液倒入锥形瓶中，并加入 25 mL 蒸馏水。

（4）加入 2 滴试亚铁灵指示剂，用硫酸亚铁铵标准溶液滴定，溶液颜色由黄色经蓝绿色变为红褐色即为滴定终点，记录硫酸亚铁铵溶液的用量 V_2。

（5）测定水样的同时，取 5.00 mL 蒸馏水，按同样操作步骤做空白试验，并记录硫酸亚铁铵溶液的用量 V_1。

五、实验记录表

实验记录如表 1-8 所示。

表 1-8　微波消解法测 COD$_{Cr}$ 记录表

1	标定时消耗硫酸亚铁铵标准溶液的量 V/mL	
2	硫酸亚铁铵标准溶液的浓度 c/（mg/L）	
3	水样的体积 V/mL	
4	滴定水样时消耗的硫酸亚铁铵标准溶液 V_1/mL	
5	滴定空白时消耗的硫酸亚铁铵标准溶液 V_0/mL	

六、实验计算及结果

$$COD_{Cr}(O_2, mg/L) = \frac{(V_1 - V_2) \times c \times 8 \times 1000}{V} \tag{1-10}$$

式中：c——硫酸亚铁铵标准溶液的浓度，mol/L；

　　　V_1——滴定空白时消耗硫酸亚铁铵标准溶液的用量，mL；

　　　V_2——滴定水样时消耗硫酸亚铁铵标准溶液的用量，mL；

　　　V——水样体积，mL；

　　　8——氧（1/2O）摩尔质量，g/mol。

七、思考题

（1）硫酸银-硫酸试剂为何从冷凝管上口缓慢加入？

（2）硫酸亚铁铵标准溶液在临用前，为什么必须用重铬酸钾标准溶液标定其浓度？

（3）化学需氧量测定时，有哪些影响因素？

实验 1.6　水样五日生化需氧量（BOD$_5$）的测定——稀释与接种法

（参考 HJ505—2009）（A）

生活污水和工业废水含有大量各类有机物，当其污染水域后，这些有机物在水体中分解时要消耗大量溶解氧，从而破坏水体中氧的平衡，使水质恶化。水体中含有机物的成分复杂，难以一一测定。人们常常利用水中有机物在一定条件下所消耗的氧来间接表示水体中有机物的含量，生化需氧量即是属于这类的重要指标。

一、实验目的

（1）了解 BOD_5 测定的意义。
（2）掌握稀释接种法测定 BOD_5 的基本原理。
（3）掌握稀释比的选择和实验操作方法。

二、实验原理

生化需氧量是指在规定的条件下，微生物分解水中某些可氧化的物质，特别是分解有机物的生物化学过程消耗的溶解氧。通常情况下是指令水样充满完全密闭的溶解氧瓶，在（20±1）℃暗处培养 5 d±4 h 或（2+5）d+4 h[先在 0～4 ℃的暗处培养 2 d，接着在（20±1）℃的暗处培养 5 d，即培养（2+5）d]，分别测定培养前后水样中溶解氧的质量浓度，由培养前后溶解氧的质量浓度之差，计算每升样品消耗的溶解氧量，以 BOD_5 表示。

若样品中的有机物含量较多，BOD_5 的质量浓度大于 6 mg/L，样品需经适当稀释后测定；对不含或含微生物少的工业废水，在测定 BOD_5 时应进行接种，以引进能分解废水中有机物的微生物。当废水中存在难以被一般生活污水中的微生物以正常的速度降解的有机物或含有剧毒物质时，应将驯化后的微生物引入水样中进行接种。

三、方法的适用范围

本方法适用于地表水、工业废水、生活污水中五日生化需氧量（BOD_5）的测定。
测定范围：方法检出限为 0.5 mg/L，测定下限为 BOD_5 的质量浓度达 2 mg/L，非稀释法和非稀释接种法的测定上限为 6 mg/L，稀释与稀释接种法的测定上限为 6000 mg/L。

四、主要仪器和试剂

（一）仪器和器皿

（1）带风扇的恒温培养箱[（20±1）℃]。
（2）曝气装置。

（3）溶解氧测定仪或碘量法测溶解氧的所有仪器和试剂。

（4）冰箱。

（5）5～20 L 细口玻璃瓶、1000 mL 量筒、玻璃搅拌棒、溶解氧瓶、虹吸管、滤膜。

（二）试剂

（1）接种液：可购买接种微生物用的接种物质，接种液的配制和使用须按说明书的要求操作。也可按以下方法获得接种液：未受工业废水污染的生活污水、含有城镇污水的河水或湖水和污水处理厂的出水等可以直接作为接种液。分析含有难降解物质的工业废水时，在其排污口下游适当处取水样作为废水的驯化接种液，或取经中和或适当稀释后的废水进行连续曝气，每天加入少量该种废水，同时加入少量生活污水，使适应该种废水的微生物大量繁殖。当水中出现大量的絮状物时，表明微生物已繁殖，可用作接种液，一般驯化过程需 3～8 d。

（2）磷酸盐缓冲溶液：称取 8.5 g KH_2PO_4、21.75 g K_2HPO_4、33.4 g $Na_2HPO_4 \cdot 7H_2O$ 及 1.7 g NH_4Cl 溶于水中，稀释至 1000 mL，此溶液的 pH 为 7.2。

（3）硫酸镁溶液：称取 22.5 g $mgSO_4 \cdot 7H_2O$ 溶于水中，稀释至 1000 mL。

（4）氯化钙溶液：称取 27.6 g 无水 $CaCl_2$ 溶于水中，稀释至 1000 mL。

（5）氯化铁溶液：称取 0.25 g $FeCl_3 \cdot 6H_2O$ 溶于水中，稀释至 1000 mL。

（6）稀释水：在 5～20 L 的玻璃瓶中加入一定量的水，控制水温在（20±1）℃，用曝气装置至少曝气 1 h，使稀释水中的溶解氧达到 8 mg/L 以上。使用前每升水中加入磷酸盐缓冲溶液、$MgSO_4$ 溶液、$CaCl_2$ 溶液、$FeCl_3$ 溶液各 1.0 mL，混合均匀，20 ℃下保存。在曝气的过程中应防止污染，特别是防止带入有机物、金属、氧化物或还原物。稀释水中氧的浓度不能过饱和，使用前需开口放置 1 h，且应在配制完的 24 h 内使用，剩余的稀释水应丢弃。

（7）接种稀释水：根据接种液的来源不同，每升稀释水中加入适量接种液，城市生活污水和污水处理厂出水加 1～10 mL，河水或湖水加 10～100 mL。将接种的稀释水存放在（20±1）℃的环境中，当天配制当天使用。接种的稀释水 pH 为 7.2，BOD_5 应小于 1.5 mg/L。

（8）0.5 mol/L 的盐酸溶液：将 40 mL 浓盐酸溶于水中，稀释至 1000 mL。

（9）0.5 mol/L 的氢氧化钠溶液：将 20 g 氢氧化钠溶于水中，稀释至 1000 mL。

（10）0.025 mol/L 的亚硫酸钠溶液：将 1.575 g 亚硫酸钠溶于水中，稀释至 1000 mL。此溶液不稳定，需现用现配。

（11）1.0 g/L 丙烯基硫脲硝化抑制剂：将 0.20 g 丙烯基硫脲（$C_4H_8N_2S$）溶解于 200 mL 水中，混合均匀，4 ℃下保存，此溶液可稳定 14 d。

（12）乙酸溶液：1+1。

（13）100 g/L 的碘化钾溶液：将 10 g 碘化钾溶于水中，稀释至 100 mL。

（14）5 g/L 的淀粉溶液：将 0.50 g 淀粉溶液溶于水中，稀释至 100 mL。

（15）葡萄糖-谷氨酸标准溶液：将葡萄糖（优级纯）和谷氨酸（优级纯）在 130 ℃烘烤 1 h 后，各称取 150 mg 溶于水中，移入 1000 mL 容量瓶中并稀释至标线。此溶液的 BOD_5 为（210±20）mg/L，临用前配制。

（16）测定溶解氧的全套试剂（参见实验 1.3 碘量法测溶解氧）。

五、实验步骤

（一）水样的采集与保存

采集的水样应充满并密封于棕色玻璃瓶中，水样量不小于 1000 mL，在 0～4 ℃的暗处运输和保存，并于 4 h 内尽快分析。24 h 内不能分析的水样可冷冻保存（冷冻保存时应避免样品瓶破裂，冷冻水样分析前需解冻、均质化和接种）。

（二）水样预处理

若测定前水样 pH 不在 6～8 范围内、含有少量游离氯、含过饱和溶解氧及有毒物质等，均需处理后再进行测定。

（三）水样分析

1. 非稀释法：

若水样中的有机物含量较少，BOD_5 的质量浓度不大于 6 mg/L，且样品中有足够的微生物，可用非稀释法测定。

若水样中的有机物含量较少，BOD_5 的质量浓度不大于 6 mg/L，但样品中无足够的微生物，如酸性废水、碱性废水、高温废水、冷冻保存的废水或经过氯化处理等的废水，应采用非稀释接种法测定。

试样的准备：测定前待测试样的温度应达到（20±2）℃。若试样中溶解氧浓度过低，需要用曝气装置曝气 15 min，充分振摇去除样品中残留的空气泡；若试样中溶解氧过饱和，应将容器体积的 2/3 充满试样，并用力振荡赶出过饱和氧，然后根据试样中微生物含量情况确定测定方法。若采用非稀释法，可直接取样测定；若试样微生物含量过低，则应采用非稀释接种法，即每升试样中加入适量的接种液，再测定。若试样中含有硝化细菌，则有可能发生硝化反应，此时，需在每升试样中加入 2 mL 丙烯基硫脲硝化抑制剂。

空白试样：非稀释接种法，每升稀释水中加入与试样量相同的接种液作为空白试样，需要时每升试样中可加入 2 mL 丙烯基硫脲硝化抑制剂。

试样的测定：将试样充满两个溶解氧瓶中，使试样少量溢出，以防止试样中的溶解氧质量浓度改变，并使瓶中存在的气泡靠瓶壁排除。一瓶 15 min 后测定试样在培养前溶解氧的质量浓度。另一瓶盖上瓶盖，加上水封，在瓶盖外罩上一个密封罩，以防止培养期间水封水蒸发干，在恒温培养箱中培养 5d±4 h 或（2+5）d ±4 h 后，测定试样中溶解氧的质量浓度。

溶解氧的测定按碘量法或膜电极法进行操作（参见实验 1.3）。

空白试样的测定：方法同试样的测定。

2. 稀释法与稀释接种法：

若试样中的有机物含量较多，BOD_5 的质量浓度大于 6 mg/L，且试样中有足够的微生物，可采用稀释法测定。

若试样中的有机物含量较多，BOD_5 的质量浓度大于 6 mg/L，但试样中无足够的微生物，应采用稀释接种法测定。

试样的准备：待测试样的温度应达到（20±2）℃。若试样中溶解氧浓度过低，需要用曝气装置曝气 15 min，充分振摇去除样品中残留的气泡；若试样中溶解氧过饱和，应将容器体积的 2/3 充满试样，并用力振荡赶出过饱和氧，然后根据试样中微生物含量情况确定测定方法。若采用稀释法测定，稀释倍数按表 1-9 和表 1-10 确定，然后用稀释水稀释。若采用稀释接种法测定，用接种稀释水稀释试样。若试样中含有硝化细菌，有可能发生硝化反应，此时，需在每升试样中加入 2 mL 丙烯基硫脲硝化抑制剂。

稀释倍数的确定：稀释、培养后，试样中剩余溶解氧质量浓度应不小于 2 mg/L，且试样中剩余的溶解氧质量浓度为初始浓度的 1/3～2/3 为最佳。

稀释倍数可根据样品的总有机碳（TOC）或高锰酸盐指数（I_{Mn}）或化学需氧量（COD_{Cr}）的测定值，按照表 1-9 列出的 BOD_5 与总有机碳（TOC）、高锰酸盐指数（I_{Mn}）和化学需氧量（COD_{Cr}）的比值 R 估计 BOD_5 的期望值（R 与样品的类型有关），再根据表 1-10 确定稀释因子。当不能准确地选择稀释倍数时，一个样品做 2～3 个不同稀释倍数的实验。

表 1-9　典型的比值 R

水样的类型	R_1（BOD_5/TOC）	R_2（BOD_5/I_{Mn}）	R_3（BOD_5/COD_{Cr}）
未处理的废水	1.2～2.8	1.2～1.5	0.35～0.65
生化处理的废水	0.3～1.0	0.5～1.2	0.20～0.35

由表 1-9 选择适当的 R 值，按式（1-11）计算 BOD_5 的期望值：

$$\rho = R \cdot Y \tag{1-11}$$

式中：ρ——五日生化需氧量浓度的期望值，mg/L；

Y——总有机碳（TOC）或高锰酸盐指数（I_{Mn}）或化学需氧量（COD_{Cr}）的值，mg/L。

由估算出的 BOD_5 的期望值，按表 1-10 确定样品的稀释倍数。

表 1-10　BOD_5 测定的稀释倍数

BOD_5 的期望值/（O_2, mg/L）	稀释倍数	水样类型
6~12	2	河水、生物净化的城市污水
10~30	5	河水、生物净化的城市污水
20~60	10	生物净化的城市污水
40~120	20	澄清的城市污水或轻度污染的工业废水
100~300	50	轻度污染的工业废水或原城市污水
200~600	100	轻度污染的工业废水或原城市污水
400~1 200	200	重度污染的工业废水或原城市污水
1 000~3 000	500	重度污染的工业废水
2 000~6 000	1 000	重度污染的工业废水

按照确定的稀释倍数，将一定体积的试样（或处理后的试样）用虹吸管加入已加部分稀释水或接种稀释水的稀释容器（1000 mL 量筒）中，加稀释水或接种稀释水至刻度，轻轻混合均匀，避免残留气泡，以待测定。若稀释倍数超过 100 倍，可进行两步或多步稀释。

空白试样：稀释法的空白试样为稀释水，需要时每升稀释水中可加入 2 mL 丙烯基硫脲硝化抑制剂。稀释接种法的空白试样为接种稀释水，必要时每升接种稀释水中可加入 2 mL 丙烯基硫脲硝化抑制剂。

试样的测定：试样和空白试样的测定方法同非稀释法。

六、实验记录表

实验记录如表 1-11 所示。

表 1-11　五日生化需氧量测定记录表

1	试样培养前的溶解氧浓度 c_1/（mg/L）	
2	试样培养五日后的溶解氧浓度 c_2/（mg/L）	
3	空白试样（稀释水或接种稀释水）培养前的溶解氧 B_1/（mg/L）	
4	空白试样（稀释水或接种稀释水）培养五天后的溶解氧 B_2/（mg/L）	
5	稀释水或接种稀释水用量在稀释试样中所占的百分数 f	
6	水样用量在稀释试样中所占的百分数 P	

七、实验计算及结果

（一）非稀释法

$$BOD_5(O_2, mg/L) = c_1 - c_2 \qquad (1\text{-}12)$$

式中：c_1——试样培养前的溶解氧浓度，mg/L；

c_2——试样培养五日后的溶解氧浓度，mg/L。

（二）非稀释接种法

$$BOD_5(O_2, mg/L) = (C_1 - C_2) - (B_1 - B_2) \qquad (1\text{-}13)$$

式中：c_1——接种试样培养前的溶解氧浓度，mg/L；

c_2——接种试样培养五日后的溶解氧浓度，mg/L；

B_1——空白试样培养前的溶解氧，mg/L；

B_2——空白试样培养五日后的溶解氧，mg/L。

（三）稀释法和稀释接种法

$$BOD_5(O_2, mg/L) = \frac{(c_1 - c_2) - (B_1 - B_2)f}{P} \qquad (1\text{-}14)$$

式中：c_1——稀释（或稀释接种）试样培养前的溶解氧浓度，mg/L；

c_2——稀释（或稀释接种）试样培养五日后的溶解氧浓度，mg/L；

B_1——空白试样培养前的溶解氧，mg/L；

B_2——空白试样培养五日后的溶解氧，mg/L；

f——稀释水（或接种稀释水）用量在稀释试样中所占的百分数，以小数表示；

P——原水样用量在稀释试样中所占的百分数，以小数表示（注：f、P 的计算，例如，培养液的稀释比为 3%，即 3 份原水样、97 份稀释水，则 f=0.97，P=0.03）。

BOD_5 测定结果以氧的质量浓度（mg/L）表示。对稀释接种法，如果有几个稀释倍数的结果满足要求，测定结果取这些稀释倍数结果的平均值。测定结果小于 100 mg/L，保留一位小数；测定结果为 100～1000 mg/L，取整数位；测定结果大于 1000 mg/L，以科学计数法表示。结果报告中应注明样品是否经过过滤、冷冻或均质化处理。

实验 1.7　水中氨氮含量的测定——纳氏试剂分光光度法

（参考 HJ 535—2009）（A）

氨氮（$NH_3\text{-}N$）以游离氨（NH_3）或铵盐（NH_4^+）的形式存在于水中，两者的组成比取决于水的 pH。当 pH 偏高时，游离氨的比例较高；反之，则铵盐的比例较高。

测定水中各种形态的含氮化合物含量，有助于评价水体被污染和自净状况。水体氨氮含量较高时，对鱼类呈现毒害作用。

一、实验目的

（1）了解测定氨氮的意义。

（2）掌握水样中纳氏试剂分光光度法测定氨氮含量的原理与方法。

二、实验原理

以游离态的氨或铵离子等形式存在的氨氮与纳氏试剂（碘化汞和碘化钾的碱性溶液）反应生成淡红棕色络合物，该络合物的吸光度与氨氮含量成正比，于波长 420 nm 处测量吸光度。

三、方法的适用范围

本方法适用于地表水、地下水、生活污水和工业废水中氨氮的测定。

当水样体积为 50 mL，使用 20 mm 比色皿时，本方法的检出限为 0.025 mg/L，测定下限为 0.10 mg/L，测定上限为 2.0 mg/L（均以 N 计）。

四、主要仪器和试剂

（一）仪器和器皿

（1）分光光度计（含 10 nm 比色皿）、pH 计。

（2）带氮球的定氮蒸馏装置：500 mL 凯氏烧瓶、氮球、直型冷凝管和导管，如图 1-2 所示。

（3）比色管、移液管、烧杯、过滤漏斗、定性滤纸、玻璃珠等。

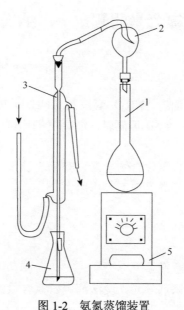

图 1-2　氨氮蒸馏装置

1-凯氏烧瓶；2-定氮瓶；3-直形冷凝管；4-接收瓶；5-电炉

（二）试剂：配制试剂用水均为无氨水

（1）纳氏试剂：称取 16 g 氢氧化钠溶于 50 mL 水中，充分冷却至室温。另称取 7 g 碘化钾（KI）和 10 g 碘化汞（HgI_2）溶于水，然后将此溶液在搅拌下徐徐注入氢氧化钠溶液中，用水稀释至 100 mL，储存于聚乙烯瓶中，用橡皮塞或聚乙烯盖子盖紧，于暗处存放，有效期 1 年。

（2）酒石酸钾钠溶液：称取 50 g 酒石酸钾钠（$KNaC_4H_4O_6 \cdot 4H_2O$）溶于 100 mL 水中，加热煮沸以除去氨，放置冷却，定容至 100 mL。

（3）铵标准储备溶液：称取 3.819 g 经 100 ℃ 干燥过的氯化铵（NH_4Cl）溶于水中，移入 1000 mL 容量瓶中，稀释至标线。此溶液每毫升含 1.00 mg 氨氮。

（4）铵标准使用溶液：移取 5.00 mL 铵标准储备溶液置于 500 mL 容量瓶中，用水稀释至标线。此溶液每毫升含 0.010 mg 氨氮。

（5）絮凝沉淀法预处理试剂：10%硫酸锌，25%氢氧化钠。

（6）蒸馏法预处理试剂：氧化镁，20 g/L 的硼酸溶液，0.50%溴百里酚蓝，1 mol/L 的盐酸溶液，1 mol/L 的氢氧化钠溶液，石蜡碎片。

五、实验步骤

（一）水样的预处理

对较清洁的水样，可采用絮凝沉淀法预处理；对污染严重的水样或工业废水，则以蒸馏法处理。

（1）絮凝沉淀法：取 100 mL 水样于烧杯中，加入 1 mL 10%硫酸锌溶液和 0.1～0.2 mL 25%氢氧化钠溶液，调节 pH 至 10.5 左右，混合均匀。放置使之沉淀，用经无氨水充分洗涤过的中速滤纸过滤，弃去初滤液 20 mL。

（2）蒸馏法：调节水样的 pH 在 6.0～7.4 的范围，加入适量氧化镁使水样呈微碱性，蒸馏释出的氨被吸收于硼酸溶液中。

蒸馏装置的预处理：加 250 mL 水样于凯氏烧瓶中，加 0.25 g 轻质氧化镁和数粒玻璃珠，加热蒸馏至馏出液不含氨为止，弃去瓶内残液。

分取 250 mL 水样（同时作空白），如水样中氨氮含量较高，可分取适量水样并加水至 250 mL，使氨氮含量不超过 2.0 mg/L，移入凯氏烧瓶中，加数滴溴百里酚蓝指示液，用氢氧化钠溶液或盐酸溶液调节 pH 至 7 左右（显蓝色）。加入 0.25 g 轻质氧化镁和数粒玻璃珠，立即连接氮球和冷凝管，导管下端插入 50 mL 硼酸溶液的液面下。加热蒸馏，至馏出液达 200 mL 时，停止蒸馏。定容至 250 mL。

注意：①蒸馏时应避免发生暴沸，否则会造成馏出液温度升高，氨吸收不完全；②应防止在蒸馏时产生泡沫，必要时可加少许石蜡碎片于凯氏烧瓶中；③水样如含余氯，则应加入适量 0.35%硫代硫酸钠溶液，每 0.5 mL 0.35%硫代硫酸钠溶液可除去 0.25 mg 余氯；④蒸馏完以后为防止倒吸，要先把导管下端从硼酸吸收溶液中取出再关电炉。

（二）标准系列的测定

在 8 个 50 mL 比色管中，分别加入 0.00、0.50、1.00、2.00、4.00、6.00、8.00 和 10.00 mL 氨氮标准工作溶液，其所对应的氨氮含量分别为 0.0、5.0、10.0、20.0、40.0、60.0、80.0 和 100 μg，加水至标线。加入 1.0 mL 的酒石酸钾钠溶液，摇匀，再加入纳氏试剂 1.5 mL，摇匀。放置 10 min 后，在波长 420 nm 下，用 10 mm 比色皿，以水作参比，测量吸光度 A。

（三）水样的测定

（1）分取适量经絮凝沉淀预处理的水样（氨氮含量不超过 0.1 mg），加入到 50 mL 比色管中，加水稀释至标线，按与校准曲线相同的步骤显色和测量吸光度 $A_样$。

（2）分取适量经蒸馏预处理的馏出液，加入到 50 mL 比色管中，加一定量 1 mol/L 氢氧化钠溶液以中和硼酸溶液，加水稀释至标线，按与校准曲线相同的步骤显色和测量吸光度 $A_{样}$。

（四）空白实验

以无氨水代替水样做全程空白实验，测得空白试样吸光度 A_0。

六、实验记录表

标准系列记录如表 1-12 所示。

表 1-12　测水中氨氮数据记录表

管号	0	1	2	3	4	5	6	7	样品	空白
铵标液体积/mL	0	0.50	1.00	2.00	4.00	6.00	8.00	10.00	调至中性	调至中性
铵含量/μg	0.0	5.0	10.0	20.0	40.0	60.0	80.0	100.0		
酒石酸钾钠溶液/mL					1.0					
纳氏试剂/mL					1.5					
吸光度 A										
校正吸光度 A'										

七、实验计算及结果

1. 标准曲线的绘制

以 NH₃-N 含量为横坐标，校正吸光度 A' 为纵坐标，在直角坐标系中作图，以最小二乘法计算出标准曲线的回归方程 $y = a + bx$ 和相关系数 R^2。绘制标准曲线。

2. 待测样品的氨氮（NH₃-N）含量

由待测样品的校正吸光度 $A'_{样}$（样品吸光度减去空白吸光度），从标准曲线上查得氨氮含量 m（mg）。

$$氨氮(NH_3\text{-}N)含量(N, mg/L) = \frac{m \times 1000}{V} \qquad (1\text{-}15)$$

式中：m——由标准曲线查得的氨氮含量，mg；

V——水样体积，mL。

八、注意事项

（1）纳氏试剂中碘化汞与碘化钾的比例对显色反应的灵敏度有较大影响。静置后生成的沉淀应除去。

（2）滤纸中常含痕量铵盐，使用时注意要用无氨水洗涤。所用玻璃器皿应避免实验室内空气中氨的污染。

实验 1.8　废水中六价铬的测定——二苯碳酰二肼分光光度法

（参考 GB 7466—87）（A）

铬（Cr）的常见价态有三价和六价。铬的毒性与其存在价态有关，通常认为六价铬的毒性比三价铬高 100 倍，六价铬更易被人体吸收且蓄积在体内。水样中铬来源主要是含铬矿石的加工、金属表面处理、皮革鞣制、印染等行业的工业废水。

一、实验目的

（1）了解六价铬的危害。

（2）掌握二苯碳酰二肼分光光度法测定六价铬的原理和方法。

二、实验原理

在酸性溶液中，六价铬与二苯碳酰二肼反应，生成紫红色化合物，其最大吸收波长为 540 nm，摩尔吸光系数为 4×10^4。

三、方法的适用范围

本方法适用于地表水和工业废水中六价铬的测定。当取样体积为 50 mL、使用光程为 10 mm 比色皿时，测定上限浓度为 1 mg/L。

四、主要仪器和试剂

（一）仪器和器皿

分光光度计，10 mm 比色皿。

（二）试剂

（1）丙酮。

（2）硫酸，1+1：将硫酸（$\rho=1.84$ g/mL）缓缓加入到同体积水中，混合均匀。

（3）磷酸，1+1：将磷酸（$\rho=1.69$ g/mL）与等体积水混合。

（4）0.2%（m/V）氢氧化钠溶液：称取氢氧化钠 1 g，溶于 500 mL 凉开水中。

（5）氢氧化锌共沉淀剂：

硫酸锌溶液：称取硫酸锌（$ZnSO_4 \cdot 7H_2O$）8 g，溶于水并稀释至 100 mL。

2%（m/V）氢氧化钠溶液：称取氢氧化钠 2.4 g，溶于凉开水中，并稀释至 120 mL。

同时将上述两种溶液混合均匀，即得到氢氧化锌共沉淀溶剂。

（6）铬标准储备液：称取于 120 ℃干燥 2 h 的重铬酸钾（$K_2Cr_2O_7$ 优级纯）0.2829 g，用水溶解后，移入 1000 mL 容量瓶中，用水稀释至标线，摇匀。此铬标准储备液每毫升溶液含 0.100 mg 六价铬。

（7）铬标准使用液：吸取 5.00 mL 铬标准储备液，置于 500 mL 容量瓶中，用水稀释至标线，摇匀。该铬标准使用液每毫升溶液含 1.00 μg 六价铬（使用当天配制）。

（8）显色剂：称取二苯碳酰二肼（$C_{13}H_{14}N_4O$）0.2 g，溶于 50 mL 丙酮中，加水稀释至 100 mL，摇匀。储存于棕色瓶置冰箱中保存。该溶液颜色变深后不能再使用。

五、实验步骤

（一）水样的预处理

（1）水样中不含悬浮物、色度低的清洁地表水可直接测定。

（2）对浑浊、色度较深的水样，应进行锌盐沉淀分离：取适量水样（含六价铬少于 100 μg）置于 150 mL 烧杯中，加水至 50 mL，滴加 0.2%（m/V）氢氧化钠溶液，调节溶液 pH 至 7～8。在不断搅拌下，滴加氢氧化锌共沉淀剂至溶液 pH 为 8～9。将此溶液转移至 100 mL 容量瓶中，用水稀释至标线。用慢速滤纸过滤，弃去 10～20 mL 初滤液，取其中 50.0 mL 滤液以供测定。

（3）含有氧化性或还原性物质的水样应进行适当的预处理后方可进行测定。

（二）标准系列的测定

向 9 支 50 mL 比色管中分别加入 0、0.20、0.50、1.00、2.00、4.00、6.00、8.00 和 10.00 mL 铬标准使用液，用水稀释至标线。加入（1+1）硫酸溶液 0.5 mL 和（1+1）

磷酸溶液 0.5 mL，摇匀，加入 2 mL 显色剂，摇匀。5～10 min 后于 540 nm 波长处，用 10 mm 的比色皿，用水作参比，测定吸光度 A。

（三）水样测定

取适量（含六价铬少于 50 μg）无色透明水样或经预处理的水样，置于 50 mL 比色管中，用水稀释至标线。然后按照与标准系列同样的测定步骤，测得水样吸光度 $A_样$。

（四）空白测定

如水样要作预处理，同时用水代替水样，在水样测定的同时，测定空白试样吸光度 A_0。

六、实验记录表

标准系列记录如表 1-13 所示。

表 1-13　水中六价铬测定记录表

管号	0	1	2	3	4	5	6	7	8	水样	空白
铬标液体积 /mL	0	0.20	0.50	1.00	2.00	4.00	6.00	8.00	10.00		
六价铬含量/μg	0	0.20	0.50	1.00	2.00	4.00	6.00	8.00	10.00		
(1+1) 硫酸溶液/mL	0.5 mL										
(1+1) 磷酸溶液/mL	0.5 mL										
显色剂/mL	2 mL										
吸光度 A											
校正吸光度 A'											

七、实验计算及结果

（一）标准曲线的绘制

以六价铬含量为横坐标，校正吸光度 A' 为纵坐标，在直角坐标系中作图，以最小二乘法计算出标准曲线的回归方程 $y=a+bx$ 和相关系数 R^2。绘制标准曲线。

（二）待测样品中六价铬含量

由待测样品的校正吸光度（样品吸光度减去空白吸光度），从标准曲线上查得六价铬含量 m（μg）。

$$六价铬含量(Cr, mg/L)=\frac{m}{V} \tag{1-16}$$

式中：m——由标准曲线查得的六价铬含量，μg；

V——水样的体积，mL。

实验 1.9 挥发酚的测定——4-氨基安替比林直接光度法

（参考 HJ 503—2009）（A）

根据酚能否与水蒸气一起蒸出，酚类可分为挥发性酚和难挥发酚。挥发性酚多指沸点在 230 ℃以下的酚类，通常属于一元酚。酚类为原生质毒，属高毒物质。水中含低浓度酚时，可使鱼肉有异味；高浓度时，则造成鱼类中毒死亡，也不宜用于农田灌溉。酚类主要来自炼油、煤气洗涤、炼焦、造纸、合成氨、木材防腐和化工等产生的工业废水。

一、实验目的

（1）掌握挥发酚的预蒸馏方法。
（2）掌握分光光度法的原理，熟练使用分光光度计。
（3）掌握直接光度法测定挥发性酚的原理和方法。

二、实验原理

用蒸馏法使挥发性酚类化合物蒸馏出，并与干扰物质和固定剂分离。由于酚类化合物的挥发速度是随馏出液体积而变化的，因此，馏出液体积必须与试样体积相等。

被蒸馏出的酚类化合物，于 pH 为 10.0±0.2 的介质中，在铁氰化钾存在的条件下，可与 4-氨基安替比林反应，生成橙红色的吲哚酚安替比林染料，显色后，在 30 min 内，于 510 nm 波长处测定吸光度。

三、方法的适用范围

用光程长为 20 mm 比色皿测定时，酚的最低检出浓度为 0.1 mg/L。

四、主要仪器和试剂

（一）仪器和器皿

（1）分光光度计、冰箱。

（2）500 mL 全玻蒸馏装置，如图 1-3 所示。

（3）比色管、移液管、量筒、碘量瓶等。

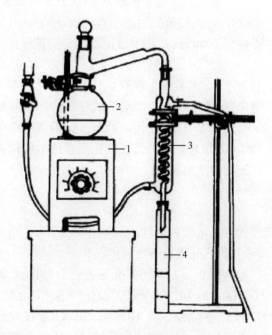

图 1-3　全玻蒸馏装置

1—电炉；2—500 mL 全玻蒸馏器；3—蛇形冷凝管；4—接收瓶

（二）试剂（实验用水应为无酚水）

（1）硫酸铜溶液：称取 50 g 硫酸铜（$CuSO_4 \cdot 5H_2O$）溶于水，稀释至 500 mL。

（2）磷酸溶液：量取 50 mL 磷酸（ρ_{20}=1.69 g/mL），用水稀释至 500 mL。

（3）甲基橙指示液：称取 0.05 g 甲基橙溶于 100 mL 水中。

（4）苯酚标准储备液及其标定。

①苯酚标准储备液：称取 1.00 g 无色苯酚（C_6H_5OH）溶于水，移入 1000 mL 容量瓶中，稀释至标线。置冰箱内保存，可稳定一个月。

②溴酸钾-溴化钾标准参考溶液（1/6 $KBrO_3$=0.1 mL/L）：称取 2.784 g 溴酸钾（$KBrO_3$）溶于水，加入 10 g 溴化钾（KBr），使其完全溶解，移入 1000 mL 容量瓶中，稀释至标线。

③碘酸钾标准参考溶液（1/6 KIO_3=0.0125 mol/L）：称取预先于 180 ℃烘干的碘酸钾 0.4458 g 溶于水，移入 1000 mL 容量瓶中，稀释至标线。

④淀粉溶液：称取 1 g 可溶性淀粉，用少量水调成糊状，加沸水至 100 mL，冷却后，置于冰箱内保存。

⑤硫代硫酸钠标准溶液（0.025 mol/L $Na_2S_2O_3 \cdot 5H_2O$）：称取 6.1 g 硫代硫酸钠溶于煮沸放冷的水中，加入 0.2 g 碳酸钠，稀释至 1000 mL，临用前用碘酸钾溶液标定。

⑥硫代硫酸钠溶液的标定：分取 20.00 mL 碘酸钾溶液置于 250 mL 碘量瓶（如图1-4）中，加水稀释至 100 mL，加 1 g 碘化钾，再加 5 mL 硫酸溶液（1+5），盖好瓶塞，轻轻摇匀，于暗处放置 5 min，用硫代硫酸钠溶液滴定至溶液呈淡黄色，加 1 mL 淀粉溶液，继续滴定至蓝色刚好褪去为止，记录硫代硫酸钠溶液用量。

图1-4　碘量瓶

$$c=\frac{20.00 \times 0.0125}{V'} \tag{1-17}$$

式中：c——硫代硫酸钠标准溶液的浓度，mol/L；

V'——标定时消耗硫代硫酸钠溶液的体积，mL。

苯酚的标定：吸取 V=10.00 mL 苯酚标准储备液于 250 mL 碘量瓶中，加水稀释至 100 mL，加 10.0 mL 0.1 mol/L 的溴酸钾-溴化钾溶液，立即加入 5 mL 盐酸溶液，盖好瓶塞，轻轻摇匀，于暗处放置 10 min。加入 1 g 碘化钾，密塞，再轻轻摇匀，暗处放置 5 min。用 0.025 mol/L 的硫代硫酸钠标准溶液滴定至溶液呈淡黄色，加入 1 mL 淀粉溶液，继续滴定至蓝色刚好褪去，记录硫代硫酸钠溶液的用量 V_2。

同时以水代替苯酚标准储备液做空白试验，记录硫代硫酸钠溶液的用量 V_1。

$$苯酚浓度(mg/mL)=\frac{(V_1-V_2) \times c \times 15.68}{V} \tag{1-18}$$

式中：V_1——空白试验中硫代硫酸钠标准溶液用量，mL；

V_2——滴定苯酚时硫代硫酸钠标准溶液用量，mL；

V——取用苯酚储备液体积，mL；

c——硫代硫酸钠标准溶液的浓度，mol/L；

15.68——$1/6C_6H_5OH$ 摩尔质量，g/mol。

（5）苯酚标准中间液：取适量苯酚储备液，用水稀释至每毫升含 0.010 mg 苯酚。使用当天配制。

（6）缓冲溶液（pH 约为 10）：称取 20 g 氯化铵（NH_4Cl）溶于 100 mL 氨水中，盖好瓶塞，置于冰箱中保存。

（7）2%（m/V）4-氨基安替比林（$C_{11}H_{13}N_3O$）溶液：称取 4-氨基安替比林 2 g 溶于水，稀释至 100 mL，置于冰箱中保存，可保存一周。

（8）8%（m/V）铁氰化钾（$K_3Fe(CN)_6$）溶液：称取 8 g 铁氰化钾溶于水中，稀释至 100 mL，置于冰箱中保存，可保存一周。

五、实验步骤

（一）水样预蒸馏处理

量取 250 mL 水样置于蒸馏瓶中（同时做空白试验），加数粒小玻璃珠，再加 2 滴甲基橙指示液，用磷酸溶液调节至 pH=4（溶液由黄变红），加 5.0 mL 硫酸铜溶液。

连接冷凝器，加热蒸馏，到馏出液达 225 mL 时，停止加热，放置冷却。向蒸馏瓶中加入 25 mL 水，继续蒸馏至馏出液为 250 mL 为止。

（二）标准系列的测定

于一组 8 支 50 mL 比色管中，分别加入 0、0.50、1.00、3.00、5.00、7.00、10.00、12.50 mL 苯酚标准中间液，加水至 50 mL 标线，加 0.5 mL 缓冲溶液，混合均匀，此时溶液 pH 为 10.0±0.2；加 4-氨基安替比林溶液 1.0 mL，混合均匀；再加 1.0 mL 铁氰化钾溶液，充分混合均匀后，放置 10 min，于 510 nm 波长处，用光程 20 mm 比色皿，以水为参比，测量吸光度 A。

（三）水样的测定

分取适量的馏出液放入 50 mL 比色管中，稀释至 50 mL 标线。加 0.5 mL 缓冲溶液，混合均匀，此时 pH 为 10.0±0.2。加 4-氨基安替比林溶液 1.0 mL，混合均匀。再加 1.0 mL 铁氰化钾溶液，充分混合均匀后，放置 10 min，于 510 nm 波长处，用光程 20 mm 比色皿，以水为参比，测量样品吸光度 $A_{样}$。

（四）空白试验

以蒸馏水代替水样做空白试验，按水样的测定相同步骤进行测定，以其结果作为水样测定的空白校正值。

六、实验记录表

实验记录如表 1-14 所示。

表 1-14　水中挥发酚测定实验记录表

管号	0	1	2	3	4	5	6	7	样品	空白
苯酚标液体积/mL	0	0.50	1.00	3.00	5.00	7.00	10.00	12.50		
苯酚含量/mg	0	0.005	0.01	0.03	0.05	0.07	0.10	0.125		
缓冲溶液/mL					0.5					
4-氨基安替比林溶液/mL					1.0					
铁氰化钾溶液/mL					1.0					
吸光度 A										
校正吸光度 A'										

七、实验计算及结果

（一）标准曲线的绘制

以苯酚含量为横坐标，校正吸光度 A' 为纵坐标，在直角坐标系中作图，以最小二乘法计算出标准曲线的回归方程 $y=a+bx$ 和相关系数 R^2，绘制标准曲线。

（二）待测水样的挥发性酚（以苯酚计）含量

由待测水样的校正吸光度（水样吸光度减去空白吸光度），从标准曲线上查得苯酚含量 m（mg）。

$$挥发性酚(以苯酚计, \text{mg/L}) = \frac{m \times 1000}{V_{水样}} \tag{1-19}$$

式中：m——根据水样的校正吸光度，从标准曲线上查得的苯酚含量，mg；

$V_{水样}$——移取馏出液体积，mL。

实验 1.10　水中总磷的测定

（Ⅰ）钼酸铵分光光度法

（参考 GB 11893—89）（A）

在天然水体和废水中，磷以各种磷酸盐的形式存在，它们分为正磷酸盐、缩合磷酸盐和有机结合磷酸盐。化肥生产、冶炼、合成洗涤剂等行业的工业废水及生活污水中常含有大量的磷。磷是生物生长的必需元素之一，但如果水体中磷含量过高，会造成藻类的过度繁殖，直至数量上达到有害程度，造成水体富营养化，使湖泊、河流透明度降低，水质变坏。

一、实验目的

（1）掌握测总磷时水样的预处理方法。
（2）掌握分光光度法的原理，熟练使用分光光度计。
（3）掌握钼酸铵分光光度法测定水中总磷的操作方法。

二、实验原理

中性条件下，用过硫酸钾（或硝酸-高氯酸）消解试样，将试样中的磷全部氧化为正磷酸盐。在酸性介质中，正磷酸盐与钼酸铵在锑盐存在下反应生成磷钼杂多酸后，立即被抗坏血酸还原，生成蓝色的络合物。

三、方法的适用范围

本方法最低检出浓度为 0.01 mg/L，测定上限为 0.6 mg/L。

四、主要仪器与试剂

（一）仪器和器皿

（1）医用手提式蒸汽消毒器或一般压力锅（1.1～1.4 kg/cm²）。
（2）50 mL 具塞（磨口）刻度管。
（3）分光光度计。
（注：所有玻璃器皿均应用稀盐酸或稀硝酸浸泡。）

（二）试剂

（1）5%（m/V）过硫酸钾，50 g/L 溶液：将 5 g 过硫酸钾（$K_2S_2O_8$）溶解于水，并稀释至 100 mL。

（2）硫酸，1+1。

（3）10%（m/V）抗坏血酸，100 g/L 溶液：溶解 10 g 抗坏血酸（$C_6H_8O_6$）于水中，并稀释至 100 mL；此溶液储存于棕色的试剂瓶中，在冷处可稳定几周。如不变色可长时间使用。

（4）钼酸铵溶液：溶解 13 g 钼酸铵[$(NH_4)_6Mo_7O_{24} \cdot 4H_2O$]于 100 mL 水中；溶解 0.35 g 酒石酸锑钾[$KSbC_4H_4O_7 \cdot H_2O$]于 100 mL 水中。在不断搅拌下把钼酸铵溶液徐徐加到 300 mL 硫酸中，加酒石酸锑钾溶液并且混合均匀。此溶液储存于棕色试剂瓶中，在冷处可保存两个月。

（5）磷标准储备溶液：称取 0.2197±0.001 g 于 110 ℃干燥 2 h、在干燥器中放冷的磷酸二氢钾（KH_2PO_4），用水溶解后转移至 1000 mL 容量瓶中，加入约 800 mL 水、加 5 mL 硫酸（1：1）用水稀释至标线并混匀。1.00 mL 此标准溶液含 50.0 μg 磷。本溶液在玻璃瓶中可储存至少六个月。

（6）磷标准使用溶液：将 10.0 mL 的磷标准溶液转移至 250 mL 容量瓶中，用水稀释至标线并混匀。1.00 mL 此标准溶液含 2.0 μg 磷。使用当天配制。

五、实验步骤

（一）采样

采取 500 mL 水样后加入 1 mL 硫酸调节样品的 pH，使之低于或等于 1，或不加任何试剂于冷处保存。（注：含磷量较少的水样，不要用塑料瓶采样，因磷酸盐易吸附在塑料瓶壁上。）

（二）水样预处理（过硫酸消解法）

取 25.00 mL 混合均匀的水样（必要时酌情稀释，同时作空白）于 50 mL 具塞（磨口）刻度管中，加入 4 mL 5%过硫酸钾溶液，加塞后，用一小块纱布（或牛皮纸）包住管口，并用线将玻璃塞扎紧，以免加热时玻璃塞冲出。将具塞刻度管放在大烧杯中，置于高压蒸汽消毒器中加热，待压力达 1.1 kg/cm^2，相应温度为 120 ℃时，保持 30 min 后停止加热。待压力表读数降至零后，取出放冷。然后用水稀释至标线。

（注：如用硫酸保存水样，当用过硫酸钾消解时，需先将试样调至中性。）

（三）标准系列的测定

取 7 支 50 mL 具塞比色管分别加入 0.0、0.50、1.00、3.00、5.00、10.0、15.0 mL 磷酸盐标准溶液，加水至 50 mL。向比色管中加入 1 mL 10%的抗坏血酸溶液，混合均匀，30 s 后加入 2 mL 钼酸铵溶液，混合均匀，放置 15 min。

用 10 mm 比色皿，于 700 nm 波长处，以蒸馏水为参比，测量标准溶液系列的吸光度 A。

（四）水样的测定

用 50 mL 具塞比色管分取适量水样 V（mL），用水稀释至标线，以同标准溶液系列的测定步骤进行测定。

六、实验记录表

实验记录如表 1-15 所示。

表 1-15　水中总磷测定实验记录表

管号	0	1	2	3	4	5	6	样品	空白
磷酸盐标准溶液/mL	0	0.50	1.00	3.00	5.00	10.00	15.00		
磷含量/μg	0	1.00	2.00	6.00	10.00	20.00	30.00		
抗坏血酸溶液/mL				1					
钼酸铵溶液/mL				2					
吸光度 A									
校正吸光度 A'									

七、实验计算及结果

（一）标准曲线的绘制

以磷含量（μg）为横坐标，校正吸光度 A' 为纵坐标，在直角坐标系中作图，以最小二乘法计算出标准曲线的回归方程 $y=a+bx$ 和相关系数 R^2，绘制标准曲线。

（二）待测水样的总磷 TP 含量

由待测水样的校正吸光度 A' 样（水样吸光度减去空白吸光度），从标准曲线上查得磷含量 m。

$$总磷\ TP(P, mg/L)=\frac{m}{V} \tag{1-20}$$

式中：m——由标准曲线查得的磷含量，μg；

V——水样体积，mL。

（Ⅱ）营养盐自动分析仪

本实验以 FLOWSYS 多通道全自动连续流动注射分析仪为例，实际测定可根据实验条件调整。

一、试样测试

（1）将进试剂的塑料管插入对应的试剂瓶中，拧好瓶盖（不能太紧）。

（2）盖上泵盖，压下盖上的把手；旋转拉环，使横杆压住进气管；进样端泵上所缠的胶管卡好。

（3）插上电源线，打开仪器、计算机开关，此时进样端"stand by"灯亮。稍等打开水浴开关，设定温度为 40 ℃（"："端按下为开，"·"端按下为关）。

（4）按下各管路对应的试剂按钮，冲刷管路至系统稳定；将 NO_3^- / NO_2^- 管路中的旋钮旋至左下 45 ℃，此时测得浓度为 NO_3^- 和 NO_2^- 的总浓度。

（5）双击"FlowAccess"图标，打开仪器程序，点击"Analyse"中的"active system"，选择"01"作为分析系统，打开，此时进入系统的分析界面。

（6）界面上端的图标自左依次为"table""method""group""select"，右端计算器状图标为"result"，点击图标便可进行操作。

（7）编辑好表格，选择了方法和分析项目后，即可进行操作。点击"real time"可看谱图，点击"result"可查看结果。

（8）将样品倒入塑料杯中，按一下进样端的"start"开关，系统会自动进样；同时点击程序中的"start"图标，保存文件于"My documents"中。

（9）样品采集完以后，系统会鸣笛报警，按一下"stop"按钮即可，分析完成后，工作界面自动关闭。

（10）做完后，用试剂冲洗管路约 10 min，然后将 NO_3^- / NO_2^- 管路中的旋钮旋至左上 45 ℃，关掉试剂，用蒸馏水冲洗管路约 40 min。

（11）关上仪器电源，将进水管从桶中提起（防止系统内的液体倒流），将泵盖放松，压进气管的横杆提起，松开进样端泵上所缠的胶管。

二、软件操作

(一)编辑表格

在系统的分析界面中选择"Table",此时会弹出另一个窗口,若继续用上一次的表格,选"Edit table",在下一个窗口中选"View table"或不选择表格。如果不用上一次的表格,则选"Remove table",再点击界面左侧的圆盘图案,此时又会弹出另一个窗口,装载原有表格,选"Load an exiting table";建新表格,选"Create new table",在下一个窗口中选"View table"。

编辑新表格时,若是做工作曲线,顺序为"T(Tracer),D(Drift),W(Wash),S(Sample)1,S2,S3,S4,S5,D,W";若是测定样品,顺序为"D,W,U(Unknown),U,U,U,…,U,D,W,U,U,…",每隔10个样品就加一个"D"和"W"加以校正,也可以在工作曲线后直接测定样品。所编辑的个数应该和进样端设定参数一致。

(注:T:最高浓度标准;D:次高浓度标准;W:配制溶液用的水。)

(二)调用方法文件

在系统的分析界面中选择"Method",再点一下要分析的项目,选"Edit method",在"Calibration"窗口中选择所要调用的方法文件;若是做工作曲线,则在"Calibrate"后的方框中点上"√",在左侧方框内输入标准系列的浓度即可。

(三)查看结果

在系统的分析界面中,选择"文件"中的"Post analysis",或在打开仪器程序后,选择"Data processing"中的"Post analysis",都能找到要查看的文件;看谱线,需点击"Real time",若系统在工作过程中对峰的标记有错误,可点击右下角的图标进行修改;查结果,需点击"Result",能看到样品的浓度及工作曲线的斜率、截距和相关性。

(四)注意事项

(1)样品的个数应与所设的系统参数一致,防止取样针吸空气或未测定完样品就鸣笛报警。

(2)保护还原柱。开机后,等系统稳定后再将旋钮旋至左下45℃,以免气泡进入还原柱;结束时,将旋钮旋至左上5℃后再关掉试剂,使还原柱中充满缓冲溶液,延长其寿命。

(3)试剂的进样管不要插到瓶子的底部,以免有颗粒物进入系统。

实验 1.11 水中石油类的测定——重量法（B）

一、实验目的

（1）掌握重量法测定污水和废水中石油类物质的采样方法。
（2）掌握重量法测定污水和废水中石油类物质的方法及其适用范围。

二、实验原理

以硫酸酸化水样，用石油醚萃取矿物油，蒸馏出石油醚后，称其重量。此法测定的是酸化样品中可被石油醚萃取的，且在试验过程中不挥发的物质总量。溶剂去除时，使得轻质油有明显损失。由于石油醚对油有选择地溶解，因此，石油的较重成分中可能含有不为溶剂萃取的物质。灵敏度低，只适于测定 10 mg/L 以上的含油样品。

三、主要仪器与试剂

（一）仪器和器皿

（1）分析天平。
（2）恒温箱。
（3）恒温水浴锅。
（4）1000 mL 分液漏斗。
（5）干燥器。
（6）直径 11 cm 中速定性滤纸。

（二）试剂

（1）石油醚：将石油醚（沸程 30～60 ℃）重蒸馏后使用。100 mL 石油醚的蒸干残渣不应大于 0.2 mg。
（2）无水硫酸钠：在 300 ℃马弗炉中烘烤 1 h，冷却后装瓶备用。
（3）1+1 硫酸。
（4）氯化钠。

四、测定步骤

(1)采样：用玻璃瓶单独采样，应连同表层水一并采集，并在样品瓶上做一标记，用以确定样品体积。每次采样时，应装水至标线。样品如不能在 24 h 内测定，采样后加盐酸酸化至 pH<2，并于 2~5℃下冷藏保存。

(2)将所收集的 1 L 已经酸化（pH<2）的水样，全部转移至分液漏斗中，加入质量为水样量的 8%的氯化钠，混匀。用 25 mL 石油醚洗涤采样瓶并转入分液漏斗中，充分摇匀 3 min，静置分层并将水层放入原采样瓶内，石油醚层转入100 mL 锥形瓶中。用石油醚重复萃取水样两次，每次用量 25 mL，合并三次萃取液于锥形瓶中。

(3)向石油醚萃取液中加入适量无水硫酸钠（加入至不再结块为止），加盖后，放置 0.5 h 以上，以便脱水。

(4)用预先以石油醚洗涤过的定性滤纸过滤，收集滤液于 100 mL 已烘干至恒重的烧杯中，用少量石油醚洗涤锥形瓶、硫酸钠和滤纸，洗涤液并入烧杯中。

(5)将烧杯置于 65±5 ℃水浴上，蒸出石油醚。近干后再置于 65±5 ℃恒温箱内烘烤 1 h，然后放入干燥器中冷却 30 min，称量。

五、实验记录表

实验记录如表 1-16 所示。

表 1-16　重量法测水中石油类实验记录表

1	水样体积 V/mL	
2	烧杯重量 m_2/g	
3	烧杯加油总重量 m_1/g	
4	水中石油类物质浓度/（mg/L）	

六、实验计算及结果

$$油(mg/L) = \frac{(m_1 - m_2) \times 10^6}{V} \qquad (1-21)$$

式中：m_1——烧杯加油总重量，g；

　　　m_2——烧杯重量，g；

　　　V——水样体积，mL。

七、注意事项

（1）分液漏斗的活塞不要涂凡士林。

（2）测定废水中石油类时，若含有大量动、植物性油脂，应取内径 20 mm、长 300 mm 一端呈漏斗状的硬质玻璃管，填装 100 mm 厚活性层析氧化铝（在 150～160 ℃活化 4 h，未完全冷却前装好柱），然后用 10 mL 石油醚清洗。将石油醚萃取液通过层析柱，除去动、植物性油脂，收集流出液于恒重的烧杯中。

（3）采样瓶应为清洁玻璃瓶，用洗涤剂清洗干净（不要用肥皂）。应定容采样，并将水样全部移入分液漏斗测定，以减少油附着容器壁上引起的误差。

实验 1.12　水样中总有机碳的测定——燃烧氧化-非色散红外吸收法

（参考 HJ 501—2009）（A）

一、实验目的

（1）了解水中总有机碳的组成。

（2）掌握水中总有机碳的测定原理与方法。

二、实验原理

（一）差减法测定总有机碳

将试样连同净化空气（干燥并除去二氧化碳）分别导入高温燃烧管（900 ℃）和低温反应管（160 ℃）中，经高温燃烧管的水样受高温催化氧化，使有机化合物和无机碳酸盐均转化成为二氧化碳，经低温反应管的水样受酸化而使无机碳酸盐分解成二氧化碳，其所生成的二氧化碳依次引入非色散红外线检测器。由于一定波长的红外线被二氧化碳选择吸收，在一定浓度范围二氧化碳对红外线吸收的强度与二氧化碳的浓度成正比，故可对水样总碳（TC）和无机碳（IC）进行定量测定。总碳与无机碳的差值（TC－IC），即为总有机碳。

（二）直接法测定总有机碳

使水样酸化后曝气，将无机碳酸盐分解生成二氧化碳去除，再注入高温燃烧管中，可直接测定总有机碳。

三、仪器与试剂

（一）仪器

（1）非色散红外吸收 TOC 分析仪。
（2）单笔记录仪：与仪器匹配。
（3）微量注射器：50.00 μL。
（4）具塞比色管：10 mL。

（二）试剂

除另有说明外，本实验所用试剂均为分析纯试剂，所用水均为无二氧化碳水。
（1）无二氧化碳蒸馏水：将重蒸馏水在烧杯中煮沸蒸发（蒸发量 10%）稍冷，装入插有碱石灰管的下口瓶中备用。
（2）邻苯二甲酸氢钾（$KHC_8H_4O_4$）：优质纯。
（3）无水碳酸钠（Na_2CO_3）：优质纯。
（4）碳酸氢钠（$NaHCO_3$）：优质纯，存放于干燥器中。
（5）有机碳标准储备溶液：c=400 mg/L。
称取邻苯二甲酸氢钾（预先在 110～120 ℃干燥 2 h，置于干燥器中冷却至室温）0.8500 g，溶解于水中，移入 1000 mL 容量瓶内，用水稀释至标线，混匀，在低温（4 ℃）冷藏条件下可保存 48 d。
（6）有机碳标准溶液：c=80 mg/L。
准确吸取 10.00 mL 有机碳标准溶液，置于 50 mL 容量瓶内，用水稀释至标线，混匀，此溶液用时现配。
（7）无机碳标准储备溶液，c=400 mg/L。
称取碳酸氢钠（预先在干燥器中干燥）1.400 g 和无水碳酸钠（预先在 105 ℃干燥 2 h，置于干燥器中，冷却至室温）1.770 g，溶解于水中，转入 1000 mL 容量瓶内，用水稀释至标线，混匀。
（8）无机碳标准溶液：c=80 mg/L。
准确吸取 10.00 mL 无机碳标准储备溶液，置于 50 mL 容量瓶中，用水稀释至标线，混匀。此溶液用时现配。

四、采样及样品

水样采集后，必须储存于棕色玻璃瓶中。常温下水样可保存 24 h，如不能及时分析，水样可加硫酸将其 pH 调至 2，于 4 ℃冷藏，可保存 7 d。

五、操作步骤

（一）仪器的调试

按说明书调试 TOC 分析仪及记录仪；选择好灵敏度、测量范围档、总碳燃烧管温度及载气流量，仪器通电预热 2 h，将仪器稳定至记录仪上的基线趋于稳定。

（二）干扰的排除

水样中常见共存离子含量超过干扰允许值时，会影响红外线的吸收。这种情况下，必须用无二氧化碳蒸馏水稀释水样，直至共存离子含量低于其干扰允许浓度后，再行分析。

（三）进样

（1）差减测定法。

经酸化的水样，在测定前应用氢氧化钠溶液中和至中性，用 50.00 μL 微量注射器分别准确吸取混匀的水样 20.0 μL，依次注入总碳燃烧管和无机碳反应管，测定记录仪上出现的相应的吸收峰峰高。

（2）直接测定法。

将已酸化的约 25 mL 水样移入 50 mL 烧杯中，在磁力搅拌器上剧烈搅拌几分钟或向烧杯中通入无二氧化碳的氮气，以除去无机碳。吸取 20.0 μL 已除去无机碳的水样注入总碳燃烧管，测量记录仪上出现的吸收峰峰高。

（四）空白试验

用 20.0 μL 蒸馏水代替试样，进行测定。

（五）校准曲线

在一组 7 个 10 mL 具塞比色管中，分别加入 0.00、0.50、0.15、3.00、4.50、6.00、7.50 mL 有机碳标准溶液、无机碳标准溶液，用蒸馏水稀释至标线，混匀。配制成 0.0、4.0、12.0、24.0、36.0、48.0 及 60.0 mg/L 的有机碳和无机碳标准系列溶液，依次进行测定。从测得的标准系列溶液吸收峰峰高，减去空白试验吸收峰峰高，得校正吸收峰峰高，由标准系列溶液浓度与对应的校正吸收峰峰高绘制有机碳和无机碳校准曲线。亦可按线性回归方程的方法，计算出校准曲线的直线回归方程。

六、实验计算与结果

（一）差减测定法

根据所测试样吸收峰峰高，减去空白试验吸收峰峰高的校正值，从校准曲线上查得或由校准曲线回归方程算得总碳（TC，mg/L）和无机碳（IC，mg/L）值，总碳与无机碳之差值，即为样品总有机碳（TOC，mg/L）的浓度：

$$TOC(mg/L)=TC(mg/L) - IC(mg/L)$$

（二）直接测定法

根据所测试样吸收峰峰高，减去空白试验吸收峰峰高的校正值，从校准曲线上查得或由校准曲线回归方程算得总碳（TC，mg/L）值，即为样品总有机碳（TOC，mg/L）的浓度：

$$TOC(mg/L)=TC(mg/L)$$

进样体积为 20.0 μL，其结果以一位小数表示。

七、思考与讨论

（1）说明为什么测定 TOC 所用试剂必须用无二氧化碳水配制？

（2）说明什么水样需用差减法测定，什么水样又应该用直接法测定，为什么？

实验 1.13　水中氟离子的测定

（Ⅰ）离子选择电极法

（参考 GB 7484—87）（A）

一、实验目的

（1）掌握用离子活度计或 pH 计、晶体管毫伏计及离子选择电极测定离子的原理和测定方法，分析干扰测定的因素和消除方法。

（2）掌握氟离子选择电极法测水中氟离子含量的操作流程。

二、实验原理

当氟离子选择电极和甘汞电极插入被测溶液中组成工作电池时，电池的电动

势 E 在一定条件下与 F 离子活度的对数值呈线性关系：

$$E = K - S \times \lg(a_{F^-}) \tag{1-22}$$

式中，K 值在一定条件下为常数；S 为电极线性响应斜率。当溶液的总离子强度不变时，离子的活度系数为一定值，工作电池电动势与 F 离子浓度的对数成线性关系：

$$E = K - S \times \lg(C_{F^-}) \tag{1-23}$$

　　为了测定 F 浓度，常在标准溶液与试样溶液中同时加入相等的足够量的惰性电解质以固定溶液的总离子强度。根据式（1-23），用 E 对 lg（C_{F^-}）作图，绘制标准曲线或求出回归方程，将待测水样的电动势 E_s 值代入求出其 F 离子浓度。

三、主要仪器与试剂

（一）仪器和器皿

（1）氟离子选择电极（使用前在去离子水中充分浸泡）。

（2）饱和甘汞电极。

（3）精密 pH 计或离子活度计、晶体管毫伏计，精确到 0.1 mV。

（4）磁力搅拌器和塑料包裹的搅拌子。

（5）容量瓶：100 mL、50 mL。

（6）移液管或吸液管：10.00 mL、5.00 mL。

（7）烧杯：50 mL、100 mL。

（二）试剂

所用水为去离子水或无氟蒸馏水。

（1）氟化物标准储备液：称取 0.2210 g 基准氟化钠（NaF）（预先于 105～110 ℃ 烘烤 2 h 或者于 500～650 ℃ 烘烤约 40 min，冷却），用水溶解后转入 1000 mL 容量瓶中，稀释至标线，摇匀，储存在聚乙烯瓶中。此溶液每毫升含氟离子 100 μg。

（2）乙酸钠溶液：称取 15 g 乙酸钠（CH$_3$COONa）溶于水，并稀释至 100 mL。

（3）盐酸溶液：2 mol/L。

（4）总离子强度调节缓冲溶液（TISAB）：称取 58.8 g 二水合柠檬酸钠和 85 g 硝酸钠，加水溶解，用盐酸调节 pH 至 5～6，转入 1000 mL 容量瓶中，稀释至标线，摇匀。

四、测定步骤

（一）仪器准备和操作

按照所用测量仪器和电极使用说明，首先接好线路，将各开关置于"关"的位置，开启电源开关，预热 15 min，以后操作按说明书要求进行。

（二）氟化物标准溶液制备

用氟化钠标准储备液、吸液管和 100 mL 容量瓶制备每毫升含氟离子 10 μg 的标准溶液。

（三）标准曲线绘制

用移液管取 1.00、3.00、5.00、10.00、20.00 mL 氟化物标准溶液，分别置于 5 只 50 mL 容量瓶中，加入 10 mL 总离子强度调节缓冲溶液，用水稀释至标线，摇匀。分别移入 100 mL 聚乙烯杯中，放入一只塑料搅拌子，按浓度由低到高的顺序，依次插入电极，连续搅拌溶液，读取搅拌状态下的稳态电位值（E）。在每次测量之前，都要用水将电极冲洗净，并用滤纸吸去水分。

（四）水样测定

用无分度吸液管吸取适量水样，置于 50 mL 容量瓶中，用乙酸钠或盐酸溶液调节至近中性，加入 10 mL 总离子强度调节缓冲溶液，用水稀释至标线，摇匀。将其移入 100 mL 聚乙烯杯中，放入一只塑料搅拌子，插入电极，连续搅拌溶液，待电位稳定后，读取继续搅拌状态下的电位值（E_x）。在每次测量之前，都要用水充分洗涤电极，并用滤纸吸去水分。根据测得的毫伏数，由标准曲线上查得试液氟化物的浓度，再根据水样的稀释倍数计算其氟化物含量。

（五）空白试验

用去离子水代替水样，按测定样品的条件和步骤测量电位值，检验去离子水和试剂的纯度，如果测得值不能忽略，应从水样测定结果中减去该值。

当水样组成复杂时，宜采用一次标准加入法，以减小基体的影响。其操作是：先按步骤（四）测定出试液的电位值（E_1），然后向试液中加入与试液中氟含量相近的氟化物标准溶液（体积为试液的 1/10～1/100），读取不断搅拌状态下稳态电位值（E_2），按式（1-24）计算水样中氟化物的含量：

$$c_x = \frac{c_s \cdot V_s}{V_x + V_s}(10^{\frac{\Delta E}{S}} - \frac{V_x}{V_x + V_s})^{-1} \tag{1-24}$$

式中：c_x——水样中氟化物（F⁻）浓度，mg/L；

　　　V_x——水样体积，mL；

　　　c_s——F⁻标准溶液的浓度，mg/L；

　　　V_s——加入 F⁻标准溶液的体积，mg/L；

　　　ΔE——等于 E_1-E_2（对阴离子选择性电极），其中，E_1 为测得水样试液的电位值，mV，E_2 为试液中加入标准溶液后测得的电位值，mV；

  S——氟离子选择性电极实测斜率。

五、实验记录表

实验记录如表 1-17 所示。

表 1-17   离子选择电极法测水中氟化物实验记录表

管号	1	2	3	4	5	样品	空白
氟化物标准溶液/mL	1.00	3.00	5.00	10.00	20.00		
氟离子浓度/（mg/L）	0.20	0.60	1.00	2.00	4.00		
$\lg c_F$							
电位值/mV							
校正电位值/mV							

六、实验计算与结果

（一）绘制 $E\text{-}\lg(C_F)$ 标准曲线

以 $\lg(C_F)$ 为横坐标，以电位值 E 为纵坐标作图，绘制标准曲线，以最小二乘法计算出标准曲线的回归方程 $E=K-S\times\lg(C_F)$，确定出 K 值和 S 值。

（二）计算水样中氟化物的含量

将待测水样的电动势 E_s 值代入回归方程，求出其氟化物浓度。

$$氟化物(F^-, mg/L)=10^{(K-E_s)/S}\times\frac{50}{V} \qquad (1\text{-}25)$$

式中：E_s——水样电位值，mV；

  S——电极线性响应斜率；

  V——取水样体积，mL。

（Ⅱ）离子色谱法

（参考 GB/T 14642—2009）（B）

一、实验目的

（1）掌握离子色谱法的基本原理。

（2）了解离子色谱仪的基本构件。

（3）熟悉离子色谱法的操作流程。

二、实验原理

样品经离子色谱柱分离后，利用抑制器将被测阴离子转化为相应的酸，由电导检测器检测响应信号。以保留时间对被测阴离子定性，以峰高或峰面积定量，测出相应离子的含量。

三、主要仪器与试剂

（一）仪器和器皿

（1）离子色谱仪。

（2）容量瓶：聚丙烯材质，多种规格。

（3）样品瓶：聚丙烯或高密度聚乙烯材质，多种规格。

（4）0.45 μL 一次性针筒微膜过滤器。

（二）试剂

（1）硫酸溶液：1+4。

（2）硫酸溶液：1+35。

（3）过硫酸钾溶液：40 g/L。

（4）淋洗液：根据分析柱的特性，选择适合的淋洗液。

（5）再生液：根据分析柱的特性，选择适合的再生液。

（6）氟离子（F^-）标准储备液（1000 mg/L）：称取 2.210 g 氟化钠，溶于水中，转移至 1000 mL 容量瓶中，用水稀释至刻度，摇匀。储存于聚丙烯瓶或高密度聚乙烯瓶中，4 ℃冷藏存放。

（7）标准工作液：根据实际测定的离子浓度范围，取标准储备液注入一组容量瓶中，用水稀释至刻度，配制成标准工作溶液。

四、取样

用聚丙烯或高密度聚乙烯瓶取样，让水样溢流，去除空气，盖上瓶盖。水样采集后尽快分析。

五、分析步骤

（一）标准曲线

分析空白溶液、标准工作溶液，记录色谱图上的出峰时间，确定氟离子的保留时间，以氟离子浓度为横坐标，以峰高或峰面积为纵坐标，绘制标准工作曲线或计算回归方程，线性相关系数应大于 0.990。

（二）试样分析

在与分析标准工作溶液相同的测试条件下，对试样进行分析测定，根据被测阴离子的峰高或峰面积，由相应的标准工作曲线确定氟离子浓度（ mg/L）。

实验 1.14　饮用水中三卤甲烷的测定——顶空气相色谱标准加入法

（参考 HJ620—2011）

一、实验目的

（1）掌握气相色谱的测定原理及方法。
（2）掌握顶空进样的原理与方法。
（3）掌握饮用水中三卤甲烷的测定方法。

二、实验原理

将水样置于有一定液上空间的密闭容器中，水中的挥发性组分就会向容器的液上空间挥发，产生蒸汽压。在一定条件下，组分在气液两相达成热力学动态平衡。

根据顶空分析原理，水样中物质的原始浓度（c_0）与其顶空色谱峰面积（A_0）成正比：

$$c_0 = f A_0 \tag{1-26}$$

当加入已知量标样后：

$$c_0 + c_s = f A_{(0+s)} \tag{1-27}$$

将式（1-26）与式（1-27）两式相比，整理得：

$$A_{(0+s)}=(A_0/c_0)c_s+A_0 \qquad (1\text{-}28)$$

式（1-28）是一个一元线性方程，若以加入标样后顶空峰面积 $A_{(0+s)}$ 对加入标样浓度（c_s）作图，可得到一条直线，由其截距和斜率可计算水样中物质的原始浓度（c_0）。

三、主要仪器和试剂

（一）仪器和器皿

（1）气相色谱仪：带 ECD 检测器。
（2）气密型注射器。
（3）顶空瓶。
（4）恒温水溶装置。

（二）试剂

（1）三氯甲烷：色谱纯。
（2）一溴二氯甲烷：色谱纯。
（3）二溴一氯甲烷：色谱纯。
（4）三溴甲烷：色谱纯。
（5）色谱固定相：SE-54，可根据实验条件确定。

四、实验步骤

（一）样品的采集

按水样采集方法采集水样，装入玻璃瓶，并在到达实验室前使它不致变质或受到污染。

（二）顶空操作及样品测定

将一定量的水样装入顶空瓶中，旋紧瓶盖，将其置于 30 ℃水浴中平衡 10 min。抽取 100 μL 顶空气体进样，记录色谱峰面积。

（三）样品的测定

根据实际水样的浓度加入一定量的标准物质，按照样品测定方法分别测试原始样品和加标后的样品，计算原始样品浓度。根据实际水样浓度，配制至少 5 个加标水样，加标浓度间隔合适。

典型色谱条件：

色谱柱：SE-54 15 m×0.53 mm i.d.大孔径弹性石英毛细管柱，也可以用性能相似的其他色谱柱。

气体流速：氮气 10 mL/min；尾气流速 50 mL/min。

柱温：80 ℃；气化室温度：250 ℃；检测器温度：250 ℃；进样量：1.0 μL。

五、数据处理

根据样品色谱峰面积和加标后样品的色谱峰面积、加入的标准物质的浓度与体积，以及标准曲线或回归方程式计算出原始样品的浓度。

第2章 空气和废气监测

实验 2.1   空气中二氧化硫的测定——甲醛吸收-盐酸副玫瑰苯胺分光光度法

（参考 HJ 482—2009）（A）

SO$_2$ 主要来源于煤和石油等燃料的燃烧、含硫矿石的冶炼、硫酸等化工产品生产排放的废气，是一种无色、易溶于水、有刺激性气味的气体，能通过呼吸进入气管，对局部组织产生刺激和腐蚀作用，是诱发支气管炎等疾病的原因之一。SO$_2$ 是主要的空气污染物之一，可作为一项主要污染物指标计算空气污染指数（API），表征空气质量状况。

一、实验目的

（1）根据布点采样原则，选择适宜的布点方法，确定采样频率及采样时间。

（2）掌握大气采样器的正确使用方法以及空气中二氧化硫的采样和监测方法。

（3）掌握甲醛吸收-盐酸副玫瑰苯胺分光光度法测定空气中二氧化硫的分析方法。

二、实验原理

二氧化硫被甲醛缓冲溶液吸收后，生成稳定的羟甲基磺酸加成化合物，在样品溶液中加入氢氧化钠使加成化合物分解，释放出的二氧化硫与副玫瑰苯胺、甲醛作用，生成紫红色化合物，用分光光度计在波长 577 nm 处测量吸光度。

三、方法的适用范围

本方法适用于环境空气中二氧化硫的测定。

当使用 10 mL 吸收液，采样体积为 30 L 时，测定空气中二氧化硫的检出限为 0.007 mg/m³，测定下限为 0.028 mg/m³，测定上限为 0.667 mg/m³。

当使用 50 mL 吸收液，采样体积为 288 L，试份为 10 mL 时，测定空气中二氧化硫的检出限为 0.004 mg/m³，测定下限为 0.014 mg/m³，测定上限为 0.347 mg/m³。

四、主要仪器和试剂

（一）仪器和器皿

（1）分光光度计。

（2）多孔玻板吸收管：10 mL 多孔玻板吸收管，用于短时间采样；50 mL 多孔玻板吸收管，用于 24 h 连续采样。见图 2-1。

（3）恒温水浴：0～40 ℃，控制精度为 ±1 ℃。

（4）具塞比色管：10 mL。用过的比色管和比色皿应及时用盐酸-乙醇清洗液浸洗，否则红色难以洗净。

（5）空气采样器：用于短时间采样的普通空气采样器，流量范围 0.1～1 L/min。见图 2-2。

（6）移液管、烧杯、温度计等。

图 2-1　多孔玻板吸收管　　　　　　　图 2-2　空气采样器

（二）试剂

（1）碘酸钾（KIO_3），优级纯，经 110 ℃干燥 2 h。

（2）氢氧化钠溶液，c（NaOH）=1.5 mol/L：称取 6.0 g NaOH，溶于 100 mL 水中。

（3）环己二胺四乙酸二钠溶液，c（CDTA-2Na）=0.05 mol/L：称取 1.82 g 反式-1, 2-环己二胺四乙酸[（trans-1, 2-cyclohexylenedinitrilo）tetraacetic acid，CDTA]，加入氢氧化钠溶液 6.5 mL，用水稀释至 100 mL。

（4）甲醛缓冲吸收储备液：吸取 36%～38%的甲醛溶液 5.5 mL，CDTA-2Na 溶液 20.00 mL；称取 2.04 g 邻苯二甲酸氢钾，溶于少量水中；将三种溶液合并，再用水稀释至 100 mL，储存于冰箱可保存 1 年。

（5）甲醛缓冲吸收液：用水将甲醛缓冲吸收储备液稀释 100 倍。临用时现配。此溶液每毫升含 0.2 mg 甲醛。

（6）氨磺酸钠溶液，ρ（NaH_2NSO_3）=6.0 g/L：称取 0.60 g 氨磺酸（H_2NSO_3H）置于 100 mL 烧杯中，加入 4.0 mL 氢氧化钠，用水搅拌至完全溶解后稀释至 100 mL，摇匀。此溶液密封可保存 10 d。

（7）碘储备液，c（$1/2I_2$）=0.10 mol/L：称取 12.7 g 碘（I_2）于烧杯中，加入 40 g 碘化钾和 25 mL 水，搅拌至完全溶解，用水稀释至 1000 mL，储存于棕色细口瓶中。

（8）碘溶液，c（$1/2I_2$）=0.010 mol/L：量取碘储备液 50 mL，用水稀释至 500 mL，储存于棕色细口瓶中。

（9）淀粉溶液，ρ（淀粉）=5.0 g/L：称取 0.5 g 可溶性淀粉于 150 mL 烧杯中，用少量水调成糊状，慢慢倒入 100 mL 沸水，继续煮沸至溶液澄清，冷却后储存于试剂瓶中。

（10）碘酸钾基准溶液，c（1/6 KIO_3）=0.1000 mol/L：准确称取 3.5667 g 碘酸钾溶于水，移入 1 000 mL 容量瓶中，用水稀至标线，摇匀。

（11）盐酸溶液，c（HCl）=1.2 mol/L：量取 100 mL 浓盐酸，加到 900 mL 水中。

（12）硫代硫酸钠标准储备液，c（$Na_2S_2O_3$）=0.10 mol/L：称取 25.0 g 硫代硫酸钠（$Na_2S_2O_3 \cdot 5H_2O$），溶于 1000 mL 新煮沸但已冷却的水中，加入 0.2 g 无水碳酸钠，储存于棕色细口瓶中，放置一周后备用。如溶液呈现浑浊，必须过滤。

标定方法：吸取三份 20.00 mL 碘酸钾基准溶液分别置于 250 mL 碘量瓶中，加 70 mL 新煮沸但已冷却的水，加 1 g 碘化钾，振摇至完全溶解后，加 10 mL 盐酸溶液，立即盖好瓶塞，摇匀。

于暗处放置 5 min 后，用硫代硫酸钠标准溶液滴定溶液至浅黄色，加 2 mL 淀粉溶液，继续滴定至蓝色刚好褪去为终点。硫代硫酸钠标准溶液的浓度按式（2-1）计算：

$$c = \frac{0.1000 \times 20.00}{V} \tag{2-1}$$

式中：c——硫代硫酸钠标准储备溶液的浓度，mol/L；

　　　　V——滴定所耗硫代硫酸钠标准溶液的体积，mL。

（13）硫代硫酸钠标准溶液，$c(Na_2S_2O_3) \approx 0.010\,00$ mol/L：取 50.0 mL 硫代硫酸钠储备液置于 500 mL 容量瓶中，用新煮沸但已冷却的水稀释至标线，摇匀。储存于棕色细口瓶中，临用前现配。

（14）乙二胺四乙酸二钠盐（EDTA-2Na）溶液，$\rho(EDTA\text{-}2Na) = 0.50$ g/L：称取 0.25 g 乙二胺四乙酸二钠盐[$C_{10}H_{14}N_2O_8Na_2 \cdot 2H_2O$]溶于 500 mL 凉开水中。临用时现配。

（15）二氧化硫标准溶液，$\rho(Na_2SO_3) = 1$ g/L：称取 0.2 g 亚硫酸钠（Na_2SO_3），溶于 200 mLEDTA-2Na 溶液中，缓缓摇匀以防充氧，使其溶解。放置 2~3 h 后标定。此溶液每毫升相当于 320~400 μg 二氧化硫。

标定方法：

①取 6 个 250 mL 碘量瓶（A1、A2、A3、B1、B2、B3），在 A1、A2、A3 内各加入 25 mL 乙二胺四乙酸二钠盐溶液，在 B1、B2、B3 内加入 25.00 mL 亚硫酸钠溶液，分别加入 50.0 mL 碘溶液和 1.00 mL 冰乙酸，盖好瓶盖，摇匀。

②立即吸取 2.00 mL 亚硫酸钠溶液加到一个已装有 40~50 mL 甲醛吸收液的 100 mL 容量瓶中，并用甲醛吸收液稀释至标线、摇匀。此溶液即为二氧化硫标准贮备溶液，在 4~5 ℃下冷藏，可稳定 6 个月。

③A1、A2、A3、B1、B2、B36 个瓶子于暗处放置 5 min 后，用硫代硫酸钠溶液滴定至浅黄色，加 5 mL 淀粉指示剂，继续滴定至蓝色刚好消失。平行滴定所用硫代硫酸钠溶液的体积之差应不大于 0.05 mL。

二氧化硫标准储备溶液的质量浓度由式（2-2）计算：

$$\rho(SO_2) = \frac{(V_0 - V) \times c_2 \times 32.02 \times 200 \times 10^3}{25.00 \times 100} \tag{2-2}$$

式中：$\rho(SO_2)$——二氧化硫标准储备溶液的质量浓度，μg/mL；

　　　　V_0——空白滴定所用硫代硫酸钠溶液的体积，mL；

　　　　V——样品滴定所用硫代硫酸钠溶液的体积，mL；

　　　　c_2——硫代硫酸钠溶液的浓度，mol/L。

（16）二氧化硫标准溶液，$\rho(SO_2) = 1.00$ μg/mL：用甲醛吸收液将二氧化硫标准储备溶液稀释成每毫升含 1.0 μg 二氧化硫的标准溶液。此溶液用于绘制标准曲线，在 4～5 ℃下冷藏，可稳定 1 个月。

（17）盐酸副玫瑰苯胺（pararosaniline，PRA，即副品红或对品红）储备液：ρ（PRA）=2.0 g/L。其纯度应达到副玫瑰苯胺提纯及检验方法的质量要求（见附录 A）。

（18）盐酸副玫瑰苯胺溶液，ρ（PRA）=0.50 g/L：吸取 25.00 mL 副玫瑰苯胺储备液于 100 mL 容量瓶中，加 30 mL 85% 的浓磷酸、12 mL 浓盐酸，用水稀释至标线，摇匀，放置过夜后使用。避光密封保存。

（19）盐酸-乙醇清洗液：由三份（1+4）盐酸和一份 95% 乙醇混合配制而成，用于清洗比色管和比色皿。

五、实验步骤

（一）采样

（1）短时间采样：采用内装 10 mL 吸收液的多孔玻板吸收管，以 0.5 L/min 的流量采气 45～60 min。吸收液温度保持在 23～29 ℃的范围。注意管路的连接。同时记录采样点的大气温度和大气压力。

（2）24 h 连续采样：用内装 50 mL 吸收液的多孔玻板吸收瓶，以 0.2 L/min 的流量连续采样 24 h。吸收液温度保持在 23～29 ℃的范围。

（3）现场空白：将装有吸收液的采样管带到采样现场，除了不采气之外，其他环境条件与样品相同。

（二）分析步骤

1. 校准曲线的绘制

取 16 支 10 mL 具塞比色管，分 A、B 两组，每组 7 支，分别对应编号。A 组按表 2-1 配制校准系列。

在 A 组各管中分别加入 0.5 mL 氨磺酸钠溶液和 0.5 mL 氢氧化钠溶液，混匀。

在 B 组各管中分别加入 1.00 mL PRA 溶液。

将 A 组各管的溶液迅速地全部倒入对应编号并盛有 PRA 溶液的 B 管中，立即加塞混匀后放入恒温水浴装置中显色。在波长 577 nm 处，用 10 mm 比色皿，以水为参比测量吸光度。以空白校正后各管的吸光度为纵坐标，以二氧化硫的含量（μg）为横坐标，用最小二乘法建立校准曲线的回归方程。

显色温度与室温之差不应超过 3 ℃。根据季节和环境条件按表 2-1 选择合适的显色温度与显色时间。

表 2-1　显色温度与显色时间

显色温度/℃	10	15	20	25	30
显色时间/min	40	25	20	15	5
稳定时间/min	35	25	20	15	10
试剂空白吸光度 A_0	0.030	0.035	0.040	0.050	0.060

2. 样品测定

（1）样品溶液中如有浑浊物，则应离心分离除去。

（2）样品放置 20 min，以使臭氧分解。

（3）短时间采集的样品：将吸收管中的样品溶液移入 10 mL 比色管中，用少量甲醛吸收液洗涤吸收管，洗液并入比色管中并稀释至标线。加入 0.5 mL 氨磺酸钠溶液，混匀，放置 10 min 以除去氮氧化物的干扰。以下步骤同校准曲线的绘制。

（4）连续 24 h 采集的样品：将吸收瓶中样品移入 50 mL 容量瓶（或比色管）中，用少量甲醛吸收液洗涤吸收瓶后再倒入容量瓶（或比色管）中，并用吸收液稀释至标线。吸取适当体积的试样（视浓度高低而决定取 2～10 mL）于 10 mL 比色管中，再用吸收液稀释至标线，加入 0.5 mL 氨磺酸钠溶液，混匀，放置 10 min 以除去氮氧化物的干扰，以下步骤同校准曲线的绘制。

六、实验记录表

实验记录如表 2-2 所示。

表 2-2　空气中二氧化硫测定实验记录表

分组	管号	0	1	2	3	4	5	6	样品	空白
A组	二氧化硫标准溶液/（1.00μg/mL）	0	0.50	1.00	2.00	5.00	8.00	10.00		
	甲醛吸收液/mL	10.00	9.50	9.00	8.00	5.00	2.00	0		
	二氧化硫含量/μg	0	0.50	1.00	2.00	5.00	8.00	10.00		
	氨磺酸钠溶液/mL	0.5								
	氢氧化钠溶液/mL	0.5								
B组	PRA 溶液/mL	1.00								
	吸光度 A									
	校正吸光度 A'									

七、实验计算与结果

（一）将采样气体的体积按式（2-3）换算成标准状态下的空气体积

$$V_0 = V_t \times \frac{T_0}{273+t} \times \frac{p}{p_0}$$ （2-3）

式中：V_0——标准状态下的采样气体体积，L；

V_t——采样体积，L；采样流量（L/min）乘以采样时间（min）；

p——采样点的大气压力，kPa；

t——采样点的气温，℃；

p_0——标准状态下的大气压力（101.3 kPa）；

T_0——标准状态下的绝对零度（273 K）。

（二）标准曲线的绘制

以二氧化硫的含量（μg）为横坐标，校正吸光度 A' 为纵坐标，在直角坐标系中作图。以最小二乘法计算出标准曲线的回归方程 $y=a+bx$ 和相关系数 R^2。绘制标准曲线。

（三）空气中二氧化硫含量的计算

由校正吸光度（样品吸光度–空白试样吸光度），从标准曲线上查得二氧化硫的含量 X（μg）。

（1）短时间采样。

$$二氧化硫的含量 \ c(mg/m^3) = \frac{X}{V_0}$$ （2-4）

式中：X——二氧化硫的含量，μg；

V_0——换算成标准状态下的采样体积，L。

（2）24 小时连续采样。

$$二氧化硫的含量 \ c(mg/m^3) = \frac{X}{V_0} \times \frac{50.00}{V_1}$$ （2-5）

式中：X——二氧化硫的含量，μg；

V_0——换算成标准状态下的采样体积，L；

V_1——分取到 10 mL 比色管中的试样体积，mL。

八、注意事项

（1）显色温度低，显色慢，稳定时间长。显色温度高，显色快，稳定时间短，空白值高。操作时必须了解显色温度、显色时间和稳定时间的关系，最好用恒温水浴控制显色。

（2）六价铬能使紫红色络合物褪色，产生负干扰，故应避免用硫酸-铬酸洗液洗涤玻璃器皿。若已用硫酸-铬酸洗液洗涤过，则需用盐酸溶液（1+1）浸洗，再用水充分洗涤。

（3）测定样品时的温度与绘制校准曲线时的温度之差不应超过 2 ℃。

实验 2.2　空气中二氧化氮的测定——盐酸萘乙二胺分光光度法

（参考 HJ 479—2009）（A）

氮氧化物（NO_x）主要来源于石化燃料高温燃烧和硝酸、化肥等生产工业排放的废气，以及汽车尾气。其主要存在形态是一氧化氮和二氧化氮，是引起支气管炎、肺损伤等疾病的有害物质，是主要的空气污染物之一，可作为一项主要污染物指标计算空气污染指数（API），表征空气质量状况。

一、实验目的

（1）掌握大气采样器的正确采集空气中二氧化氮的采样方法。
（2）掌握用盐酸萘乙二胺分光光度法测定二氧化氮的原理和分析方法。

二、方法原理

空气中的二氧化氮被吸收管中的对氨基苯磺酸进行重氮化反应，再与 N-（1-萘基）乙二胺盐酸盐作用，生成粉红色的偶氮染料，在波长 540 nm 处的吸光度与二氧化氮的含量成正比。

三、主要仪器和试剂

（一）仪器和器皿

（1）分光光度计。

（2）空气采样器：流量范围 0.1～1.0 L/min。采样流量为 0.4 L/min 时，相对误差小于±5%。采样连接管线为硼硅玻璃管、不锈钢管、聚四氟乙烯管或硅胶管，内径约为 6 mm，尽可能短些，任何情况下不得超过 2 m，配有朝下的空气入口。

（3）吸收管：内装 10 mL 吸收液的棕色多孔玻板吸收管。

（二）试剂

（1）冰乙酸。

（2）N-（1-萘基）乙二胺盐酸盐储备液，$\rho[C_{10}H_7NH(CH_2)2NH_2 \cdot 2HCl]$=1.00 g/L：称取 0.50 g N-（1-萘基）乙二胺盐酸盐于 500 mL 容量瓶中，用水溶解稀释至刻度。此溶液储存于密闭的棕色瓶中，在冰箱中冷藏，可稳定保存三个月。

（3）显色液：称取 5.0 g 对氨基苯磺酸（$NH_2C_6H_4SO_3H$）溶解于约 200 mL 40～50 ℃热水中，将溶液冷却至室温，全部移入 1000 mL 容量瓶中，加入 50 mL N-（1-萘基）乙二胺盐酸盐储备溶液和 50 mL 冰乙酸，用水稀释至刻度。此溶液储存于密闭的棕色瓶中，在 25 ℃以下暗处存放可稳定 3 个月。若溶液呈现淡红色，应弃之重配。

（4）吸收液：使用时将显色液和水按 4∶1（体积分数）比例混合，即为吸收液。吸收液的吸光度应小于等于 0.005。

（5）亚硝酸盐标准储备液，$\rho(NO_2^-)$=250 μg/mL：准确称取 0.3750 g 亚硝酸钠[$NaNO_2$，优级纯，使用前在（105±5）℃干燥恒重]溶于水，移入 1000 mL 容量瓶中，用水稀释至标线。此溶液储存于密闭棕色瓶中在暗处存放，可稳定保存 3 个月。

（6）亚硝酸盐标准工作液，$\rho(NO_2^-)$=2.5 μg/mL：准确吸取亚硝酸盐标准储备液 1.00 mL 于 100 mL 容量瓶中，用水稀释至标线。临用现配。

四、实验步骤

（一）采样

1. 短时间采样（1 h 以内）

取一支内装 10.0 mL 吸收液的多孔玻板吸收管，标记吸收液液面位置以后以 0.4 L/min 流量采集环境空气 6～24 L。

2. 长时间采样（24 h 以内）

取大型多孔玻板吸收瓶，装入 25.0 mL 或 50.0 mL 吸收液（液柱高度不低于 80 mm），标记液面位置。将吸收液恒温在（20±4）℃，以 0.2 L/min 流量采气 288 L。

3. 现场空白

将装有吸收液的吸收管（瓶）带到采样现场，与样品在相同的条件下保存、运输，直至送交实验室分析，运输过程中应注意防止沾污。要求每次采样至少做 2 个现场空白测试。

（二）标准曲线的绘制

取 6 支 10 mL 具塞比色管，按表 2-3 制备亚硝酸盐标准溶液系列。根据表 2-3 分别移取相应体积的亚硝酸钠标准工作液，加水至 2.00 mL，加入显色液 8.00 mL。

各管混匀，于暗处放置 20 min（室温低于 20 ℃时放置 40 min 以上），用 10 mm 比色皿，在波长 540 nm 处，以水为参比测量吸光度，扣除 0 号管的吸光度以后，对应 NO_2^- 的质量浓度（μg/mL），用最小二乘法计算标准曲线的回归方程。

标准曲线斜率控制在 0.960～0.978 吸光度 mL/μg，截距控制在 0.000～0.005（以 5 mL 体积绘制标准曲线时，标准曲线斜率控制在 0.180～0.195 吸光度 mL/μg，截距控制在 ±0.003）。

（三）空白试验

（1）实验室空白试验：取实验室内未经采样的空白吸收液，用 10 mm 比色皿，在波长 540 nm 处，以水为参比测定吸光度。实验室空白吸光度 A_0 在显色规定条件下波动范围不超过 ±15%。

（2）现场空白：同上述方法测定吸光度。将现场空白和实验室空白的测量结果相对照，若现场空白与实验室空白相差过大，查找原因，重新采样。

（四）样品测定

采样后放置 20 min，室温 20 ℃以下时放置 40 min 以上，用水将采样瓶中吸收液的体积补充至标线，混匀。用 10 mm 比色皿，在波长 540 nm 处，以水为参比测量吸光度，同时测定空白样品的吸光度。若样品的吸光度超过标准曲线的上限，应用实验室空白试液稀释，再测定其吸光度。但稀释倍数不得大于 6。

五、实验记录表

实验记录如表 2-3 所示。

表 **2-3**　空气中二氧化氮测定实验记录表

管号	0	1	2	3	4	5	样品	空白
标准工作液/mL	0.00	0.40	0.80	1.20	1.60	2.00	定容至 10.0 mL	定容至 10.0 mL
水/mL	2.00	1.60	1.20	0.80	0.40	0.00		
显色液/mL	8.00	8.00	8.00	8.00	8.00	8.00		
NO_2^-质量浓度/（μg/mL）	0.00	0.10	0.20	0.30	0.40	0.50		
吸光度 A								
校正吸光度								

六、实验计算与结果

（一）将采样气体的体积按式（2-6）换算成标准状态下的空气体积

$$V_0 = V_t \times \frac{T_0}{273+t} \times \frac{p}{p_0} \tag{2-6}$$

式中：V_0——标准状态下的采样气体体积，L；

$\quad\quad V_t$——采样体积，L；采样流量（L/min）乘以采样时间（min）；

$\quad\quad p$——采样点的大气压力，kPa；

$\quad\quad t$——采样点的气温，℃；

$\quad\quad p_0$——标准状态下的大气压力（101.3 kPa）；

$\quad\quad T_0$——标准状态下的绝对零度（273 K）。

（二）标准曲线的绘制

以二氧化氮的质量浓度（μg/mL）为横坐标，校正吸光度 A' 为纵坐标，在直角坐标系中作图。以最小二乘法计算出标准曲线的回归方程 $y=a+bx$ 和相关系数 R^2。绘制标准曲线。

（三）空气中二氧化氮含量的计算

空气中二氧化氮质量浓度（mg/m³）按式（2-7）计算：

$$二氧化氮(NO_2, mg/m^3) = \frac{(A-A_0-a) \times V \times D}{b \times f \times V_0} \tag{2-7}$$

式中：A、A_0——分别为样品溶液和试剂空白溶液的吸光度；

$\quad\quad b$——标准曲线的斜率，吸光度，mL/μg；

$\quad\quad a$——标准曲线的截距；

V——采样用吸收液体积，mL；

V_0——换算为标准状态（101.325 kPa，273 K）下的采样体积，L；

f——Saltzman 实验系数，0.88（当空气中二氧化氮质量浓度高 0.72 mg/m^3 时，f取值 0.77）；

D——气样吸收液稀释倍数。

实验 2.3　空气中一氧化碳的测定——非色散红外吸收法

（参考 GB 9801—88）（A）

一氧化碳是一种无色、无臭的有毒气体，是空气中的主要污染物之一，它主要来自石油、煤炭燃烧不充分的产物和汽车尾气，以及一些自然现象如火山爆发、森林火灾等。一氧化碳容易与人体血液中的血红蛋白结合，形成碳氧血红蛋白，降低血液输氧能力，造成缺氧症。它是环境空气和废气监测必测的指标之一。

一、实验目的

（1）掌握非色散红外吸收法测定一氧化碳的原理及方法。

（2）熟悉环境空气和废气中一氧化碳测定的相关操作。

二、实验原理

一氧化碳对以 4.5 μm 为中心波段的红外辐射具有选择性吸收作用，在一定浓度范围内，其吸收程度与一氧化碳浓度呈线性关系，可根据吸收值确定样品中的一氧化碳浓度。

方法检出限为 1.25 mg/m^3（1ppm），测定范围为 0～62.5 mg/m^3（0～50ppm）。

三、主要仪器和试剂

（1）非分散红外一氧化碳红外分析仪。

（2）采气袋、止水夹、双联球等。

（3）高纯氮气（99.99%）或是制备霍加拉特加热管除去其中一氧化碳。

（4）一氧化碳标准气体：浓度应选在仪器量程的 60%～80% 的范围内。

四、实验步骤

（一）采样

在采样现场用双联球将样品气体抽入采气袋中，放空后再挤入，如此清洗 3～4 次，最后挤满并用止水夹夹紧进气口。记录采样地点、采样日期和时间、采气袋编号。

（二）仪器调零

开机接通电源预热 30 min，启动仪器内装泵抽入高纯氮气，用流量计控制流量为 0.5 L/min。调节仪器调零电位器，使记录器指针指在所用氮气的一氧化碳浓度的相应位置。

使用霍加拉特管调零时，将记录器指针调在零位。

（三）仪器标定

在仪器进气口通入流量为 0.5 L/min 的一氧化碳标准气体，调节仪器灵敏度电位器，使记录器指针调在一氧化碳浓度的相应位置。

（四）样品分析

接上样品气体到仪器进气口，待仪器读数稳定后直接读取指示格数。

五、实验记录表

实验记录如表 2-4 所示。

表 2-4　空气中一氧化碳测定实验记录表

采样时间		采样地点		采气袋编号	
1		一氧化碳标准气浓度/ppm			
2		零气中一氧化碳浓度/ppm			
3		气体样品中仪器指示的一氧化碳读数/（mL/m³）			

六、实验计算和结果

按式（2-8）计算一氧化碳浓度：

$$c=1.25\times\pi \qquad (2\text{-}8)$$

式中： c——样品气体中一氧化碳的浓度，mg/m^3；

　　　 π——仪器指示的一氧化碳读数，mL/m^3；

　　　 1.25——一氧化碳换算成标准状态下的 mg/m^3 换算系数。

七、注意事项

（1）仪器开启后，必须预热，确认稳定后再进行测定。否则影响测定的准确度。

（2）空气样品应经硅胶干燥、玻璃纤维滤膜过滤后再进入仪器，防止水蒸气和颗粒物的干扰。

（3）仪器可连续测定。用聚四氟乙烯管将被测空气引入仪器中，接上记录仪，可以连续监测空气中一氧化碳浓度的变化。

实验 2.4　空气中臭氧的测定——靛蓝二磺酸钠分光光度法

（参考 HJ 504—2009）（A）

臭氧是最强的氧化剂之一，具有强烈的刺激性，是高空大气的正常组分，能强烈吸收紫外线，保护人和其他生物免受太阳紫外线的辐射。但是超过一定浓度，对人体和某些植物生长会产生一定危害。

一、实验目的

（1）掌握分光光度法测定空气中臭氧的原理和方法。
（2）掌握空气中臭氧样品的采集和保存方法。

二、方法原理

空气中的臭氧在磷酸盐缓冲溶液存在下，与吸收液中蓝色的靛蓝二磺酸钠等摩尔反应，褪色生成靛红二磺酸钠，在 610 nm 处测量吸光度，根据蓝色减退的程度定量空气中臭氧的浓度。

三、适用范围

本方法适用于环境空气中臭氧的测定。当采样体积为 30 L 时，本方法测定空气中臭氧的检出限为 0.010 mg/m³，测定下限为 0.040 mg/m³。当采样体积为 30 L 时，吸收液质量浓度为 2.5 μg/mL 或 5.0 μg/mL 时，测定上限分别为 0.50 mg/m³ 或 1.00 mg/m³。当空气中臭氧质量浓度超过该上限时，可适当减少采样体积。

四、主要仪器和试剂

（一）仪器和器皿

（1）空气采样器：流量范围 0.0～1.0 L/min，流量稳定。使用时，用皂膜流量计校准采样系统在采样前和采样后的流量，相对误差应小于±5%。

（2）多孔玻板吸收管：内装 10 mL 吸收液，以 0.50 L/min 流量采气，玻板阻力应为 4～5 kPa，气泡分散均匀。

（3）具塞比色管：10 mL。

（4）生化培养箱或恒温水浴：温控精度为±1 ℃。

（5）水银温度计：精度为±0.5 ℃。

（6）分光光度计：用 20 mm 比色皿，可于波长 610 nm 处测量吸光度。

（7）一般实验室常用玻璃仪器。

（二）试剂

（1）溴酸钾标准储备溶液，c（1/6 $KBrO_3$）=0.1000 mol/L：准确称取 1.391 8 g 溴化钾（优级纯，180 ℃烘 2 h），置烧杯中，加入少量水溶解，移入 500 mL 容量瓶中，用水稀释至标线。

（2）溴酸钾-溴化钾标准溶液，c（1/6 $KBrO_5$）=0.0100 mol/L：吸取 10.00 mL 溴酸钾标准储备溶液于 100 mL 容量瓶中，加入 1.0 g 溴化钾（KBr），用水稀释至标线。

（3）硫代硫酸钠标准储备溶液，c（$Na_2S_2O_3$）=0.1000 mol/L。

（4）硫代硫酸钠标准工作溶液，c（$Na_2S_2O_3$）=0.00500 mol/L：临用前，取硫代硫酸钠标准储备溶液用新煮沸并冷却到室温的水准确稀释 20 倍。

（5）硫酸溶液，1+6。

（6）淀粉指示剂溶液，ρ=2.0 g/L：称取 0.20 g 可溶性淀粉，用少量水调成糊状，慢慢倒入 100 mL 沸水，煮沸至溶液澄清。

（7）磷酸盐缓冲溶液，c（KH_2PO_4-Na_2HPO_4）=0.050 mol/L：称取 6.8 g 磷酸二氢钾（KH_2PO_4）、7.1 g 无水磷酸氢二钠（Na_2HPO_4），溶于水，稀释至 1000 mL。

（8）靛蓝二磺酸钠（$C_{16}H_8O_8Na_2S_2$）（IDS），分析纯、化学纯或生化试剂。

（9）IDS 标准储备溶液：称取 0.25 g 靛蓝二磺酸钠溶于水，移入 500 mL 棕色容量瓶内，用水稀释至标线，摇匀，在室温暗处存放 24 h 后标定。此溶液在 20 ℃以下暗处存放可稳定 2 周。

标定方法：准确吸取 20.00 mLIDS 标准储备溶液于 250 mL 碘量瓶中，加入 20.00 mL 溴酸钾-溴化钾溶液，再加入 50 mL 水，盖好瓶塞，在（16±1）℃生化培养箱（或水浴）中放置至溶液温度与水浴温度平衡时[1]，加入 5.0 mL 硫酸溶液，立即盖塞、混匀并开始计时，于（16±1）℃暗处放置（35±1.0）min 后，加入 1.0 g 碘化钾，立即盖塞，轻轻摇匀至溶解，暗处放置 5 min，用硫代硫酸钠溶液滴定至棕色刚好褪去呈淡黄色，加入 5 mL 淀粉指示剂溶液，继续滴定至蓝色消退，终点为亮黄色。记录所消耗的硫代硫酸钠标准工作溶液的体积[2]。

每毫升靛蓝二磺酸钠溶液相当于臭氧的质量浓度 ρ（μg/mL）由式（2-9）计算：

$$\rho = \frac{c_1V_1 - c_2V_2}{V} \times 12.00 \times 10^3 \tag{2-9}$$

式中：ρ——每毫升靛蓝二磺酸钠溶液相当于臭氧的质量浓度，μg/mL；

c_1——溴酸钾-溴化钾标准溶液的浓度，mol/L；

V_1——加入溴酸钾-溴化钾标准溶液的体积，mL；

c_2——滴定时所用硫代硫酸钠标准溶液的浓度，mol/L；

V_2——滴定时所用硫代硫酸钠标准溶液的体积，mL；

V——IDS 标准储备溶液的体积，mL；

12.00——臭氧的摩尔质量（1/4 O_3），g/mol。

（10）IDS 标准工作溶液：将标定后的 IDS 标准储备液用磷酸盐缓冲溶液逐级稀释成每毫升相当于 1.00 μg 臭氧的 IDS 标准工作溶液，此溶液于 20 ℃以下暗处存放可稳定 1 周。

（11）IDS 吸收液：取适量 IDS 标准储备液，根据空气中臭氧质量浓度的高低，用磷酸盐缓冲溶液稀释成每毫升相当于 2.5 μg（或 5.0 μg）臭氧的 IDS 吸收液，此溶液于 20 ℃以下暗处可保存 1 个月。

五、实验步骤

（一）样品的采集与保存

用内装（10.00±0.02）mL IDS 吸收液的多孔玻板吸收管，罩上黑色避光套，以 0.5 L/min 流量采气 5～30 L。当吸收液褪色约 60% 时（与现场空白样品比较），

---

[1] 达到平衡的时间与温差有关，可以预先用相同体积的水代替溶液，加入碘量瓶中，放入温度计观察达到平衡所需要的时间。

[2] 平行滴定所消耗的硫代硫酸钠标准溶液体积不应大 0.10 mL。

应立即停止采样。样品在运输及存放过程中应严格避光。当确信空气中臭氧的质量浓度较低、不会穿透时，可以用棕色玻板吸收管采样。样品于室温暗处存放至少可稳定 3 d。

（二）现场空白样品

用同一批配制的 IDS 吸收液，装入多孔玻板吸收管中，带到采样现场。除了不采集空气样品外，其他环境条件保持与采集空气的采样管相同。每批样品至少带两个现场空白样品。

（三）校准曲线的测定

取 10 mL 具塞比色管 6 支，按表 2-5 制备标准色列。
各管摇匀，用 20 mm 比色皿，以水作参比，在波长 610 nm 处测量吸光度。

（四）样品的测定

采样后，在吸收管的入气口端串接一个玻璃尖嘴，在吸收管的出气口端用吸耳球加压将吸收管中的样品溶液移入 25 mL（或 50 mL）容量瓶中，用水多次洗涤吸收管，使总体积为 25.0 mL（或 50.0 mL）。用 20 mm 比色皿，以水作参比，在波长 610 nm 处测量吸光度。

六、实验记录表

实验记录如表 2-5 所示。

表 2-5　空气中臭氧测定实验记录表

管号	1	2	3	4	5	6	样品	空白
IDS 标准溶液/mL	10.00	8.00	6.00	4.00	2.00	0.00	定容体积：	定容体积：
磷酸盐缓冲溶液/mL	0.00	2.00	4.00	6.00	8.00	10.00		
臭氧质量浓度/（μg/mL）	0.00	0.20	0.40	0.60	0.80	1.00		
吸光度 A								
校正吸光度 A_0-A								

七、实验计算及结果

（一）将采样气体的体积按式（2-10）换算成标准状态下的空气体积

$$V_0 = V_t \times \frac{T_0}{273+t} \times \frac{p}{p_0} \qquad (2\text{-}10)$$

式中：V_0——标准状态下的采样气体体积，L；

V_t——采样体积，L；采样流量（L/min）乘以采样时间（min）；

p——采样点的大气压力，kPa；

t——采样点的气温，℃；

p_0——标准状态下的大气压力（101.3 kPa）；

T_0——标准状态下的绝对零度（273 K）。

（二）标准曲线的绘制

以校准系列中零浓度管的吸光度（A_0）与各标准色列管的吸光度（A）之差为纵坐标，臭氧质量浓度为横坐标，用最小二乘法计算校准曲线的回归方程：

$$y=bx+a \tag{2-11}$$

式中：y——A_0-A，空白样品的吸光度与各标准色列管的吸光度之差；

x——臭氧质量浓度，μg/mL；

b——回归方程的斜率，吸光度，mL/μg；

a——回归方程的截距。

（三）空气中臭氧量的计算

空气中臭氧质量浓度（mg/m³）按式（2-12）计算：

$$臭氧(O_3, mg/m^3)=\frac{(A_0-A-a)\times V}{b \cdot V_0} \tag{2-12}$$

式中：A、A_0——分别为样品溶液和现场空白样品的吸光度；

b——标准曲线的斜率，吸光度，mL/μg；

a——标准曲线的截距；

V——样品溶液的总体积，mL；

V_0——换算为标准状态（101.325 kPa，273 K）下的采样体积，L。

八、注意事项

（一）干扰

空气中的二氧化氮可使臭氧的测定结果偏高，约为二氧化氮质量浓度的 6%。空气中二氧化硫、硫化氢、过氧乙酰硝酸酯（PAN）和氟化氢的质量浓度分别高于 750 μg/m³、110 μg/m³、1800 μg/m³ 和 2.5 μg/m³ 时，会干扰臭氧的测定。空气中氯气、二氧化氯的存在使臭氧的测定结果偏高。但在一般情况下，这些气体的浓度很低，不会造成显著误差。

（二）IDS 标准溶液标定

市售 IDS 不纯，作为标准溶液使用时必须进行标定。用溴酸钾–溴化钾标准溶液标定 IDS 的反应，需要在酸性条件下进行，加入硫酸溶液后反应开始，加入碘化钾后反应即终止。为了避免副反应使反应定量进行，必须严格控制培养箱（或水浴）温度（16±1）℃和反应时间（35±1.0）min。一定要等到溶液温度与培养箱（或水浴）温度达到平衡时再加入硫酸溶液，加入硫酸溶液后应立即盖好瓶塞，并开始计时。滴定过程中应避免阳光照射。

（三）IDS 吸收液的体积

本方法为褪色反应，吸收液的体积直接影响测量的准确度，所以装入采样管中吸收液的体积必须准确，最好用移液管加入。采样后向容量瓶中转移吸收液应尽量完全（少量多次冲洗）。装有吸收液的采样管，在运输、保存和取放过程中应防止倾斜或倒置，避免吸收液损失。

实验 2.5　空气中颗粒物的测定

颗粒物是空气中最重要的污染物之一，我国大多数地区空气中首要污染物就是颗粒物。根据直径的不同，分为总悬浮颗粒物（TSP）、可吸入颗粒物（PM_{10}）和细颗粒物（$PM_{2.5}$）等，其来源主要由燃煤、燃油、工业生产过程的排放，以及土壤、扬尘、沙尘所形成。在空气停留时间长，影响范围广，对人体健康存在不利影响，是室内外环境空气质量的重要监测指标。

实验目的

（1）了解不同粒径颗粒物的特性。

（2）掌握空气中 TSP、PM_{10}、$PM_{2.5}$ 的采样和监测方法。

（Ⅰ）空气中总悬浮颗粒物（TSP）的测定——重量法

（参考 GB/T 15432—1995）（A）

一、实验原理

通过具有一定切割特性的采样器，以恒速抽取定量体积的空气，空气中粒径小于 100 μm 的悬浮颗粒物被截留在已恒重的滤膜上。根据采样前、后滤膜重量之差及采样体积，计算悬浮颗粒物的浓度。

二、主要仪器和材料

（1）中流量采样器：采样口抽气速度为 0.3 m/s（流量范围为 20～100 L/min）。

（2）镊子：用于夹取滤膜。

（3）滤膜：超细玻璃纤维滤膜或聚氯乙烯等有机滤膜。

（4）滤膜袋：用于存放采样后对折的采尘滤膜。袋面印有编号、采样日期、采样地点、采样人等项目。

（5）恒温恒湿箱：箱内空气温度要求在 15～30 ℃范围内连续可调，控温精度 ±1 ℃；箱内空气相对湿度应控制在（50±5）%。恒温恒湿箱可连续工作。

（6）电子天平：称量范围≥10 g；感量 0.1 mg；再现性（标准差）≤0.2 mg。

三、实验步骤

1. 滤膜准备

（1）检查滤膜，不得有针孔或任何缺陷。滤膜袋上进行编号备用。

（2）将滤膜放在恒温恒湿箱中平衡 24 h，平衡温度取 15～30 ℃中任一点，记录下平衡温度与湿度。

（3）在上述平衡条件下称量滤膜，称量精确到 0.1 mg。记录下滤膜重量 W_0（g）。

（4）称量好的滤膜平展地放在滤膜保存盒中，采样前不得将滤膜弯曲或折叠。

2. 采样

（1）打开采样头顶盖，取出滤膜夹。用清洁干布擦去采样头内及滤膜夹的灰尘。

（2）将已编号并称量过的滤膜绒面向上，放在滤膜支持网上，放上滤膜夹，对正，拧紧，使之不漏气。安好采样头顶盖，按照采样器使用说明，设置采样时间，即可启动采样。

（3）样品采完后，打开采样头，用镊子轻轻取下滤膜，采样面向里，将滤膜对折，放入号码相同的滤膜袋中。取滤膜时，如发现滤膜损坏，或滤膜上尘的边缘轮廓不清晰、滤膜安装歪斜（说明漏气），则本次采样作废，需重新采样。

3. 尘膜的平衡及称量

（1）尘膜在恒温恒湿箱中，与干净滤膜平衡条件相同的温度、湿度，平衡 24 h。

（2）在上述平衡条件下称量滤膜，精确到 0.1 mg。记录下滤膜重量 W_1（g）。滤膜增重不小于 10 mg。

四、实验记录表

实验记录如表 2-6~表 2-8 所示。

表 2-6　滤膜准备记录表

滤膜种类	
滤膜平衡温度/℃	
滤膜平衡湿度/%	

表 2-7　采样记录表

日期	采样地点	滤膜编号	起始时间	终了时间	采样时间/min	采样流量/(L/min)	大气压力/kPa	大气温度/℃

表 2-8　空气中总悬浮颗粒物测定记录表

1	采样前空白滤膜重量 W_0/g	
2	采样后尘膜重量 W_1/g	
3	采样体积 V_t/L	
4	标准状况下气样体积/L	
5	空气中悬浮物含量/($\mu g/m^3$)	

五、实验计算及结果

（一）将采样气体的体积按式（2-13）换算成标准状态下的空气体积

$$V_0 = V_t \times \frac{T_0}{273+t} \times \frac{p}{p_0} \qquad (2\text{-}13)$$

式中：V_0——标准状态下的采样气体体积，L；

$\quad\quad V_t$——采样体积，L；采样流量（L/min）乘以采样时间（min）；

$\quad\quad p$——采样点的大气压力，kPa；

$\quad\quad t$——采样点的气温，℃；

$\quad\quad p_0$——标准状态下的大气压力（101.3 kPa）；

T_0——标准状态下的绝对零度（273 K）。

（二）空气中 TSP 含量计算

$$TSP(mg/m^3)=\frac{(W_1-W_2)\times10^6}{V_0} \tag{2-14}$$

式中：W_1、W_0——分别为采样后的滤膜和空白滤膜的重量，g；
　　　V_0——换算成标准状况下的采样体积，L。

（Ⅱ）环境空气 PM_{10} 与 $PM_{2.5}$ 的测定——重量法

（参考 HJ 618—2011）（A）

一、实验原理

分别通过具有一定切割特性的采样器，以恒速抽取定量体积的空气，使空气中 $PM_{2.5}$ 和 PM_{10} 被截留在已恒重的滤膜上。根据采样前、后滤膜重量之差及采样体积，计算 $PM_{2.5}$ 和 PM_{10} 的浓度。

二、主要仪器和材料

（1）PM_{10} 切割器、采样系统：切割粒径 Da_{50}=（10±0.5）μm；捕集效率的几何标准差为 σ_g=（1.5±0.1）μm。

（2）$PM_{2.5}$ 切割器、采样系统：切割粒径 Da_{50}=（2.5±0.2）μm；捕集效率的几何标准差为 σ_g=（1.2±0.1）μm。

（3）滤膜：根据样品的采集目的可选用玻璃纤维滤膜、石英滤膜等无机滤膜或聚氯乙烯、聚丙烯、混合纤维素等有机滤膜。滤膜对 0.3 μm 标准粒子的截留效率不低于 99%。空白滤膜进行平衡处理至恒重，称量后，放入干燥器中备用。

（4）分析天平：感量 0.1 mg 或 0.01 mg。

（5）恒温恒湿箱（室）：箱（室）内空气温度在 15～30 ℃范围内可调，控温精度±1 ℃。箱（室）内空气相对湿度应控制在（50±5）%。恒温恒湿箱（室）可连续工作。

（6）干燥器：内盛变色硅胶。

三、实验步骤

（一）滤膜准备

（1）检查滤膜，不得有针孔或任何缺陷。滤膜袋上进行编号备用。

（2）将滤膜放在恒温恒湿箱中平衡 24 h，平衡温度取 15～30 ℃中任一点，记录下平衡温度与湿度。

（3）在上述平衡条件下称量滤膜，称量精确到 0.1 mg。记录下滤膜重量 W_0（g）。

（4）称量好的滤膜平展地放在滤膜保存盒中，采样前不得将滤膜弯曲或折叠。

（二）样品采集

（1）采样时，采样器入口距地面高度不得低于 1.5 m。采样不宜在风速大于 8 m/s 等天气条件下进行。采样点应避开污染源及障碍物。如果测定交通枢纽处的 PM_{10} 和 $PM_{2.5}$，采样点应布置在距人行道边缘外侧 1 m 处。

（2）将已称重的滤膜用镊子放入洁净采样夹内的滤网上，滤膜毛面应朝进气方向。将滤膜牢固压紧至不漏气。如测定任何一次浓度，每次须更换滤膜；如测日平均浓度，样品可采集在一张滤膜上。采样结束后，用镊子取出。将有尘面两次对折，放入样品盒或纸袋，并做好采样记录。

（三）尘膜的平衡及称量

（1）尘膜在恒温恒湿箱中，平衡 24 h，平衡条件为：温度取 15～30 ℃中任何一点，相对湿度控制在 45%～55%范围内。记录平衡温度与湿度。

（2）在上述平衡条件下，用感量为 0.1 mg 或 0.01 mg 的分析天平称量滤膜，记录滤膜重量。同一滤膜在恒温恒湿箱（室）中相同条件下再平衡 1 h 后称重。对于 PM_{10} 和 $PM_{2.5}$ 颗粒物样品滤膜，两次重量之差分别小于 0.4 mg 或 0.04 mg 为满足恒重要求。

四、实验记录表

实验记录如表 2-9～表 2-11 所示。

表 2-9　滤膜准备记录表

滤膜种类	
滤膜平衡温度/℃	
滤膜平衡湿度/%	

表 2-10　采样记录表

日期	采样地点	滤膜编号	起始时间	终了时间	采样时间/min	采样流量/(L/min)	大气压力/kPa	大气温度/℃

表 2-11　空气中总悬浮颗粒物测定记录表

1	采样前空白滤膜重量 W_0/g	
2	采样后尘膜重量 W_1/g	
3	采样体积 V_t/L	
4	标准状况下气样体积/L	
5	空气中 PM_{10}（$PM_{2.5}$）含量/（mg/m³）	

五、实验计算及结果

（一）将采样气体的体积按式（2-15）换算成标准状态下的空气体积

$$V_0 = V_t \times \frac{T_0}{273+t} \times \frac{p}{p_0} \tag{2-15}$$

式中：V_0——标准状态下的采样气体体积，L；

　　　V_t——采样体积，L；采样流量（L/min）乘以采样时间（min）；

　　　p——采样点的大气压力，kPa；

　　　t——采样点的气温，℃；

　　　p_0——标准状态下的大气压力（101.3 kPa）；

　　　T_0——标准状态下的绝对零度（273 K）。

（二）空气中 PM_{10}（$PM_{2.5}$）含量计算

$$PM_{10}(PM_{2.5})(mg/m^3) = \frac{(W_1 - W_2) \times 10^6}{V_0} \tag{2-16}$$

式中：W_1、W_0——分别为采样后的滤膜和空白滤膜的重量，g；

　　　V_0——换算成标准状况下的采样体积，L。

六、注意事项

（1）采样器每次使用前需进行流量校准。

（2）滤膜使用前均需进行检查，不得有针孔或任何缺陷。滤膜称量时要消除静电的影响。

（3）取清洁滤膜若干张，在恒温恒湿箱（室），按平衡条件平衡 24 h，称重。每张滤膜非连续称量 10 次以上，取每张滤膜的平均值为该张滤膜的原始质量。以上述滤膜作为 "标准滤膜"。每次称滤膜的同时，称量两张 "标准滤膜"。若标准滤膜称出的重量在原始质量±5 mg（大流量）、±0.5 mg（中流量和小流量）范围内，则认为该批样品滤膜称量合格，数据可用。否则应检查称量条件是否符合要求并重新称量该批样品滤膜。

（4）要经常检查采样头是否漏气。当滤膜安放正确、采样系统无漏气时，采样后滤膜上颗粒物与四周白边之间界限应清晰，如出现界线模糊时，则表明应更换滤膜密封垫。

（5）当 PM_{10} 或 $PM_{2.5}$ 含量很低时，采样时间不能过短。对于感量为 0.1 mg 和 0.01 mg 的分析天平，滤膜上颗粒物负载量应分别大于 1 mg 和 0.1 mg，以减少称量误差。

（6）采样前后，滤膜称量应使用同一台分析天平。

实验 2.6　空气中挥发性有机物（VOC）的测定——气相色谱-质谱法

（参考 HJ 644—2013）

挥发性有机物是人们关注的室内空气污染的主要有机物，具有毒性和刺激性，有的还有致癌作用，主要来自燃料的燃烧，烹调油烟和装饰材料、家具、日用生活化学品释放的蒸汽，以及室外污染空气的扩散，对人体健康造成不利影响。

一、实验目的

（1）了解气相色谱-质谱分析的基础知识及色谱仪各组成部分的工作原理。

（2）掌握吸附管采样，热脱附预处理空气样品，用气相色谱-质谱法测定环境空气中挥发性有机物的原理和操作方法。

二、方法原理

采用固体吸附剂富集环境空气中的挥发性有机物，将吸附管置于热脱附仪中，经气相色谱分离后，用质谱进行检测。通过与待测目标物标准质谱图相比较和保留时间进行定性，外标法或内标法定量。

当采样体积为 2 L 时，本方法检出限为 $0.3\sim1.0\ \mu g/m^3$，测定下限为 $1.2\sim$ $4.0\ \mu g/m^3$。

三、主要仪器和试剂

（一）仪器和器皿

（1）气相色谱仪：具毛细管柱分流/不分流进样口，能对载气进行电子压力控制，可程序升温。

（注：气相色谱仪配备柱箱冷却装置，可改善极易挥发目标物的出峰峰型，提高灵敏度。）

（2）质谱仪：电子轰击（EI）电离源，1 s 内能从 35 amu 扫描至 270 amu，具 NIST 质谱图库、手动/自动调谐、数据采集、定量分析及谱库检索等功能。

（3）毛细管柱：30 m×0.25 mm，1.4 μm 膜厚（6%腈丙基苯、94%二甲基聚硅氧烷固定液），也可使用其他等效的毛细管柱。

（4）热脱附装置：应具有二级脱附功能，聚焦管部分应能迅速加热（至少 40 ℃/sec）。热脱附装置与气相色谱相连部分和仪器内气体管路均应使用硅烷化不锈钢管，并至少能在 50～150 ℃之间均匀加热。

（注：采用具有冷聚焦功能的热脱附装置，能够减小极易挥发目标物的损失，提高灵敏度。）

（5）老化装置：最高温度应达到 400 ℃以上，最大载气流量至少能达到 100 mL/min，流量可调。

（6）采样器：双通道无油采样泵，双通道能独立调节流量并能在 10～500 mL/min 内精确保持流量，流量误差应在±5%内。

（7）校准流量计：能在 10～500 mL/min 内精确测定流量，流量精度 2%。宜采用电子质量流量计。

（8）微量注射器：5.0、25.0、50.0、100、250 和 500 μL。

（9）一般实验室常用仪器和设备。

（二）试剂

（1）甲醇（CH_3OH）：农药残留分析纯级。

（2）标准储备溶液：ρ=2000 mg/L，市售有证标准溶液。

（3）4-溴氟苯（BFB）溶液：ρ=25 mg/L，市售有证标准溶液，或用高浓度标准溶液配制。

（4）吸附剂：Carbopack C（比表面积 10 m^2/g），40/60 目；Carbopack B（比

表面积 100 m^2/g），40/60 目；Carboxen 1000（比表面积 800 m^2/g），45/60 目或其他等效吸附剂。

（5）吸附管：不锈钢或玻璃材质，内径 6 mm，内填装 Carbopack C、Carbopack B、Carboxen 1000，长度分别为 13、25、13 mm。或使用其他具有相同功能的产品。

（6）聚焦管：不锈钢或玻璃材质，内径不大于 0.9 mm，内填装吸附剂种类及长度与吸附管相同。或使用其他具有相同功能的产品。

（7）吸附管的老化和保存：新购的吸附管或采集高浓度样品后的吸附管需进行老化。老化温度 350 ℃，老化流量 40 mL/min，老化时间 10～15 min。吸附管老化后，立即密封两端或放入专用的套管内，外面包裹一层铝箔纸。包裹好的吸附管置于装有活性炭或活性炭硅胶混合物的干燥器内，并将干燥器放在无有机试剂的冰箱中，4 ℃保存，可保存 7 d。

（注：聚焦管老化和保存方法同吸附管。）

（8）载气：氦气，纯度 99.999%。

四、实验步骤

（一）采样

（1）采样流量和采样体积：采样流量：10～200 mL/min；采样体积：2 L。当相对湿度大于 90%时，应减小采样体积，但最少不应小于 300 mL。

（2）气密性检查：把一根吸附管（与采样所用吸附管同规格，此吸附管只用于气密性检查和预设流量用）连接到采样泵，打开采样泵，堵住吸附管进气端，若流量计流量归零，则采样装置气路连接气密性良好，否则应检查气路气密性。

（3）预设采样流量：调节流量到设定值。

（4）取下吸附管，将一根新吸附管连接到采样泵上，按吸附管上标明的气流方向进行采样。在采集样品过程中要注意随时检查调整采样流量，保持流量恒定。采样结束后，记录采样点位、时间、环境温度、大气压、流量和吸附管编号等信息。

（5）样品采集完成后，应迅速取下吸附管，密封吸附管两端或放入专用的套管内，外面包裹一层铝箔纸，运输到实验室进行分析。

（6）候补吸附管的采集：在吸附管后串联一根老化好的吸附管。每批样品应至少采集一根候补吸附管，用于监视采样是否穿透。

（7）现场空白样品的采集：将吸附管运输到采样现场，打开密封帽或从专用套管中取出，立即密封吸附管两端或放入专用的套管内，外面包裹一层铝箔纸。

同已采集样品的吸附管一同存放并带回实验室分析。每次采集样品，都应至少带一个现场空白样品。

（注：温度和风速会对样品采集产生影响。采样时，环境温度应小于 40 ℃；风速大于 5.6 m/s 时，采样时吸附管应与风向垂直放置，并在上风向放置掩体。）

（二）仪器分析

（1）热脱附仪参考条件。传输线温度：130 ℃；吸附管初始温度：35 ℃；聚焦管初始温度：35 ℃；吸附管脱附温度：325 ℃；吸附管脱附时间：3 min；聚焦管脱附温度：325 ℃；聚焦管脱附时间：5 min；一级脱附流量：40 mL/min；聚焦管老化温度：350 ℃；干吹流量：40 mL/min；干吹时间：2 min。

（2）气相色谱仪参考条件。进样口温度：200 ℃；载气：氦气；分流比：5∶1；柱流量（恒流模式）：1.2 mL/min；升温程序：初始温度 30 ℃，保持 3.2 min，以 11 ℃/min 升温到 200 ℃保持 3 min。

（注：为消除水分的干扰和检测器的过载，可根据情况设定分流比。某些热脱附仪具有样品分流功能，可按厂商建议或具体情况进行设定。）

（3）质谱参考条件。全扫描，扫描范围：35～270 amu；离子化能量：70 eV；接口温度：280 ℃。其余参数参照仪器使用说明书进行设定。

（注：为提高灵敏度，也可选择离子扫描方式进行分析，其特征离子选择参照附录 B。）

（4）仪器性能检查。

用微量注射器移取 1.0 μLBFB 溶液，直接注入气相色谱仪进行分析，用四级杆质谱得到的 BFB 关键离子丰度应符合表 2-12 中规定的标准，否则需对质谱仪的参数进行调整或者考虑清洗离子源。

表 2-12　BFB 关键离子丰度标准

质量	离子丰度标准	质量	离子丰度标准
50	质量 95 的 8%～40%	174	大于质量 95 的 50%
75	质量 95 的 30%～80%	175	质量 174 的 5%～9%
95	基峰，100%相对丰度	176	质量 174 的 93%～101%
96	质量 95 的 5%～9%	177	质量 176 的 5%～9%
173	小于质量 174 的 2%	—	—

（5）校准曲线的绘制。

用微量注射器分别移取 25.0、50.0、125、250 和 500 μL 的标准储备溶液至 10 mL

容量瓶中，用甲醇定容，配制目标物浓度分别为 5.00、10.0、25.0、50.0 和 100 mg/L 的标准系列。用微量注射器移取 1.0 μL 标准系列溶液注入热脱附仪中，按照仪器参考条件，依次从低浓度到高浓度进行测定，绘制校准曲线。用最小二乘法绘制校准曲线以目标物质量（ng）为横坐标，对应的响应值为纵坐标，绘制校准曲线。校准曲线的相关系数应大于等于 0.99。

（注：如所用热脱附仪没有"液体进样制备标准系列"的功能，可用如下方式制备：把老化好的吸附管连接于气相色谱仪填充柱进样口上，设定进样口温度为 50 ℃，用微量注射器移取 1.0 μL 标准系列溶液注射到气相色谱仪进样口，用 100 mL/min 的流量通载气，迅速取下吸附管，制备成目标物含量分别为 1.00、10.0、25.0、50.0 和 100 ng 的标准系列管。也可直接购买商品化的标准样品管制备校准曲线。）

标准色谱图目标物参考色谱图见图 2-3。

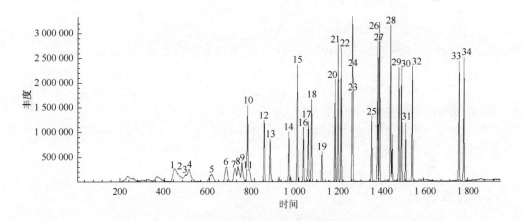

图 2-3　目标物的总离子流色谱图

1—1, 1-二氯乙烯；2—1, 1, 2-三氯-1, 2, 2-三氟乙烷；3—氯丙烯；4—二氯甲烷；5—1, 1-二氯乙烷；6—反式-1, 2-二氯乙烯；7—三氯甲烷；8—1, 2-二氯乙烷；9—1, 1, 1-三氯乙烷；10—四氯化碳；11—苯；12—三氯乙烯；13—1, 2-二氯丙烷；14—反式-1, 3-二氯丙烯；15—甲苯；16—顺式-1, 3-二氯丙烯；17—1, 1, 2-三氯乙烷；18—四氯乙烯；19—1, 2-二溴乙烷；20—氯苯；21—乙苯；22—间, 对-二甲苯；23—邻-二甲苯；24—苯乙烯；25—1, 1, 2, 2-四氯乙烷；26—4-乙基甲苯；27—1, 3, 5-三甲基苯；28—1, 2, 4-三甲基苯；29—1, 3-二氯苯；30—1, 4-二氯苯；31—苄基氯；32—1, 2-二氯苯；33—1, 2, 4-三氯苯；34—六氯丁二烯

（6）样品的测定。

将采完样的吸附管迅速放入热脱附仪中进行热脱附，载气流经吸附管的方向应与采样时气体进入吸附管的方向相反。样品中目标物随脱附气进入色谱柱进行测定。分析完成后，取下吸附管老化和保存，若样品浓度较低，吸附管可不必老化。

（7）空白试验按与样品测定相同步骤分析现场空白样品。

五、结果计算与表示

（1）定性分析以保留时间和质谱图比较进行定性。

（2）定量分析根据目标物第一特征离子的响应值进行计算。当样品中目标物的第一特征离子有干扰时，可以使用第二特征离子定量。

（3）吸附管中目标物质量浓度计算。

当采用最小二乘法绘制校准曲线时，样品中目标物质量 m（ng）通过相应的校准曲线计算。

环境空气中待测目标物的质量浓度，按照式（2-17）进行计算。

$$\rho = \frac{m}{V_{nd}} \tag{2-17}$$

式中：ρ——环境空气中目标物的质量浓度，$\mu g/m^3$；

　　m——样品中目标物的质量，ng；

　　V_{nd}——标准状态下（101.325 kPa，273.15 K）的采样体积，L。

（4）结果表示。

当测定结果小于 100 $\mu g/m^3$ 时，保留到小数点后 1 位；当测定结果大于等于 100 $\mu g/m^3$ 时，保留三位有效数字。

当使用本方法中规定的毛细管柱时，峰序号为 22 的目标物测定结果为间二甲苯和对二甲苯两者之和。

六、注意事项

（1）吸附管中残留的 VOCs 对测定的干扰较大，严格执行老化和保存程序能使此干扰降到最低。

（2）新购吸附管都应标记唯一性代码和表示样品气流方向的箭头，并建立吸附管信息卡片，记录包括吸附管填装或购买日期、最高允许使用温度和使用次数等信息。

（3）每次分析样品前应用一根空白吸附管代替样品吸附管，用于测定系统空白，系统空白小于检出限后才能分析样品。

（4）每 12 h 应做一个校准曲线中间浓度校核点，中间浓度校核点测定值与校准曲线相应点浓度的相对误差应不超过 30%。

（5）现场空白样品中单个目标物的检出量应小于样品中相应检出量的 10%或与空白吸附管检出量相当。

附录 A   目标物的检出限和测定下限

当采样体积为 2 L 时，34 种目标物的方法检出限和测定下限，见附表 A-1。

附表 A-1   目标物检出限和测定下限

序号	化合物中文名称	化合物英文名称	检出限	测定下限/（μg/m³）
1	1, 1-二氯乙烯	1, 1-Dichloroethene	0.3	1.2
2	1, 1, 2-三氯-1, 2, 2-三氟乙烷	1, 1, 2-Trichloro-1, 2, 2-trifluoroethane	0.5	2.0
3	氯丙烯	Allyl chloride	0.3	1.2
4	二氯甲烷	Methylene chloride	1.0	4.0
5	1, 1-二氯乙烷	1, 1-Dichloroethane	0.4	1.6
6	顺式-1, 2-二氯乙烯	cis-1, 2-Dichloroethene	0.5	2.0
7	三氯甲烷	Trichloromethane	0.4	1.6
8	1, 1, 1-三氯乙烷	1, 1, 1-Trichloroethane	0.4	1.6
9	四氯化碳	Carbon tetrachloride	0.6	2.4
10	1, 2-二氯乙烷	1, 2-Dichloroethane	0.8	3.2
11	苯	Benzene	0.4	1.6
12	三氯乙烯	Trichloroethylene	0.5	2.0
13	1, 2-二氯丙烷	1, 2-Dichloropropane	0.4	1.6
14	顺式-1, 3-二氯丙烯	cis-1, 3-Dichloropropene	0.5	2.0
15	甲苯	Toluene	0.4	1.6
16	反式-1, 3-二氯丙烯	trans-1, 3-Dichloropropene	0.5	2.0
17	1, 1, 2-三氯乙烷	1, 1, 2-Trichloroethane	0.4	1.6
18	四氯乙烯	Tetrachloroethylene	0.4	1.6
19	1, 2-二溴乙烷	1, 2-Dibromoethane	0.4	1.6
20	氯苯	Chlorobenzene	0.3	1.2
21	乙苯	Ethylbenzene	0.3	1.2
22	间, 对-二甲苯	m, p-Xylene	0.6	2.4
23	邻-二甲苯	o-Xylene	0.6	2.4
24	苯乙烯	Styrene	0.6	2.4

序号	化合物中文名称	化合物英文名称	检出限	测定下限/（μg/m³）
25	1, 1, 2, 2-四氯乙烷	1, 1, 2, 2-Tetrachloroethane	0.4	1.6
26	4-乙基甲苯	4-Ethyltoluene	0.8	3.2
27	1, 3, 5-三甲基苯	1, 3, 5-Trimethylbenzene	0.7	2.8
28	1, 2, 4-三甲基苯	1, 2, 4-Trimethylbenzene	0.8	3.2
29	1, 3-二氯苯	1, 3-Dichlorobenzene	0.6	2.4
30	1, 4-二氯苯	1, 4-Dichlorobenzene	0.7	2.8
31	苄基氯	Benzyl chloride	0.7	2.8
32	1, 2-二氯苯	1, 2-Dichlorobenzene	0.7	2.8
33	1, 2, 4-三氯苯	1, 2, 4-Trichlorobenzene	0.7	2.8
34	六氯丁二烯	Hexachlorobutadiene	0.6	2.4

附录 B   目标物的测定参考信息

34 种目标物的出峰顺序、定量离子和辅助离子信息，见附表 B-1。

附表 B-1   目标物的测定参考信息

序号	化合物中文名称	化合物英文名称	CAS No.	定量离子	辅助离子
1	1, 1-二氯乙烯	1, 1-Dichloroethene	75-35-4	61	96, 63
2	1, 1, 2-三氯-1, 2, 2-三氟乙烷	1, 1, 2-Trichloro-1, 2, 2-tri-fluoroethane	76-13-1	151	101, 103
3	氯丙烯	Allyl chloride	107-05-1	41	39, 76
4	二氯甲烷	Methylene chloride	75-09-2	49	84, 86
5	1, 1-二氯乙烷	1, 1-Dichloroethane	75-34-3	63	65
6	顺式-1, 2-二氯乙烯	cis-1, 2-Dichloroethene	156-59-2	61	96, 98
7	三氯甲烷	Trichloromethane	67-66-3	83	85, 47
8	1, 1, 1-三氯乙烷	1, 1, 1-Trichloroethane	71-55-6	97	99, 61
9	四氯化碳	Carbon tetrachloride	56-23-5	117	119
10	1, 2-二氯乙烷	1, 2-Dichloroethane	107-06-2	62	64
11	苯	Benzene	71-43-2	78	77, 50
12	三氯乙烯	Trichloroethylene	79-01-6	130	132, 95
13	1, 2-二氯丙烷	1, 2-Dichloropropane	78-87-5	63	41, 62
14	顺式-1, 3-二氯丙烯	cis-1, 3-Dichloropropene	542-75-6	75	39, 77
15	甲苯	Toluene	108-88-3	91	92
16	反式-1, 3-二氯丙烯	trans-1, 3-Dichloropropene	542-75-6	75	39, 77
17	1, 1, 2-三氯乙烷	1, 1, 2-Trichloroethane	79-00-5	97	83, 61
18	四氯乙烯	Tetrachloroethylene	127-18-4	166	164, 131
19	1, 2-二溴乙烷	1, 2-Dibromoethane	106-93-4	107	109
20	氯苯	Chlorobenzene	108-90-7	112	77, 114
21	乙苯	Ethylbenzene	100-41-4	91	106
22	间, 对-二甲苯	mp-Xylee	108-38-3/106-42-3	91	106
23	邻-二甲苯	o-Xylene	95-47-6	91	106

续表

序号	化合物中文名称	化合物英文名称	CAS No.	定量离子	辅助离子
24	苯乙烯	Styrene	100-42-5	104	78, 103
25	1, 1, 2, 2-四氯乙烷	1, 1, 2, 2-Tetrachloroethane	630-20-6	83	85
26	4-乙基甲苯	4-Ethyltoluene	622-96-8	105	120
27	1, 3, 5-三甲基苯	1, 3, 5-Trimethylbenzene	108-67-8	105	120
28	1, 2, 4-三甲基苯	1, 2, 4-Trimethylbenzene	95-63-6	105	120
29	1, 3-二氯苯	1, 3-Dichlorobenzene	541-73-1	146	148, 111
30	1, 4-二氯苯	1, 4-Dichlorobenzene	106-46-7	146	148, 111
31	苄基氯	Benzyl chloride	100-44-7	91	126
32	1, 2-二氯苯	1, 2-Dichlorobenzene	95-50-1	146	148, 111
33	1, 2, 4-三氯苯	1, 2, 4-Trichlorobenzene	120-82-1	180	182, 184
34	六氯丁二烯	Hexachlorobutadiene	87-68-3	225	227, 223

实验 2.7　室内甲醛的测定——乙酰丙酮分光光度法

（参考 GB/T 15516—1995）（A）

甲醛是挥发性有机物中的一种，是人们关注的室内空气污染的主要有机物，主要来源于装饰材料、家具等释放的蒸汽，释放时间比较长，严重影响人体健康。《室内空气质量标准》（GB/T 18883—2003）规定室内空气甲醛含量的 1 h 均值不得超过 0.10 mg/m³。

一、实验目的

（1）掌握乙酰丙酮分光光度法测定室内甲醛的原理与操作方法。
（2）掌握甲醛标准溶液的配制与标定方法。
（3）学会正确使用空气采样器进行采样。

二、实验原理

甲醛气体经水吸收后，在 pH=6 的乙酸-乙酸铵缓冲溶液中，与乙酰丙酮作用，在沸水浴条件下，迅速生成稳定的黄色化合物，在波长 413 nm 处测定。
采样体积为 0.5～10.0 L 时，测定范围为 0.5～800 mg/m³。

三、主要仪器和试剂

（一）仪器和器皿

（1）采样器：流量范围为 0.2~1.0 L/min 的空气采样器（备有流量测量装置）。

（2）皂膜流量计。

（3）多孔玻板吸收管：50 mL 或 125 mL、采样流量 0.5 L/min 时，阻力为 6.7±0.7 kPa，单管吸收效率大于 99%。

（4）具塞比色管：25 mL，具 10 mL、25 mL 刻度，经校正。

（5）分光光度计：附 1 cm 吸收池。

（6）标准皮托管：具校正系数。

（7）倾斜式微压计。

（8）采样引气管：聚四氟乙烯管，内径 6~7 mm，引气管前端带有玻璃纤维滤料。

（9）空盒气压表。

（10）水银温度计：0~100 ℃。

（11）pH 酸度计。

（12）水浴锅。

（二）试剂

（1）不含有机物的蒸馏水。

加少量高锰酸钾的碱性溶液于水中再行蒸馏即得（在整个蒸馏过程中水应始终保持红色，否则应随时补加高锰酸钾）。

（2）吸收液：不含有机物的重蒸馏水。

（3）乙酸铵（NH_4CH_3COO）。

（4）冰乙酸（CH_3COOH）：$\rho=1.055$。

（5）乙酰丙酮（$C_5H_8O_2$）：$\rho=0.975$。

乙酰丙酮溶液：0.25%（V/V），称 25 g 乙酸铵（4.3），加少量水溶解，加 3 mL 冰乙酸及 0.25 mL 新蒸馏的乙酰丙酮，混匀再加水至 100 mL，调整 pH=6.0，此溶液于 2~5 ℃储存，可稳定一个月。

（6）盐酸（HCl）溶液：$\rho=1.19$（1+5）。

（7）氢氧化钠（NaOH）溶液：30 g/100 mL。

（8）碘（I_2）。

碘（I_2）溶液：$c(I_2)=0.1$ mol/L，称 40 g 碘化钾（4.9）溶于 10 mL 水，加

入 12.7 g 碘（4.8），溶解后移入 1000 mL 容量瓶，用水稀释定容。

（9）碘化钾（KI）。

碘化钾（KI）溶液：10 g/100 mL。

（10）碘酸钾（KIO$_3$）溶液 c（1/6 KIO$_3$）=0.1000 mol/L，称 3.567 g 经 110 ℃ 干燥 2 h 的碘酸钾（优级纯）溶于水，于 1000 mL 容量瓶稀释定容。

（11）淀粉溶液：1 g/100 mL，称 1 g 淀粉，用少量水调成糊状，倒入 100 mL 沸水中，呈透明溶液，临用时配制。

（12）硫代硫酸钠溶液：c（Na$_2$S$_2$O$_3$）=0.1 mol/L，称取 25 g 硫代硫酸钠（Na$_2$S$_2$O$_3$·5H$_2$O）和 2 g 碳酸钠（Na$_2$CO$_3$）溶解于 1000 mL 新煮沸但已冷却的水中，储存于棕色试剂瓶中，放一周后过滤，并标定其浓度。

硫代硫酸钠溶液标定：吸取 0.1000 mol/L 碘酸钾标准溶液 25.00 mL 置于 250 mL 碘量瓶中，加 40 mL 新煮沸但已冷却的水，加 10 g/100 mL 碘化钾溶液 10 mL，再加（1+5）盐酸溶液 10 mL，立即盖好瓶塞，混匀，在暗处静置 5 min 后，用硫代硫酸钠溶液滴定至淡黄色，加 1 mL 淀粉溶液继续滴定至蓝色刚好褪去。

硫代硫酸钠溶液浓度 c（Na$_2$S$_2$O$_3$）（mol/L）按式（2-18）计算：

$$c_{\mathrm{Na_2S_2O_3}} = \frac{0.1 \times 25.0}{V_{\mathrm{Na_2S_2O_3}}} \qquad (2\text{-}18)$$

式中：$V_{\mathrm{Na_2S_2O_3}}$——滴定消耗硫代硫酸钠溶液体积的平均值，mL。

（13）甲醛标准储备液：取 10 mL 甲醛溶液置于 500 mL 容量瓶中，用水稀释定容。

甲醛标准储备液的标定：吸取 5.0 mL 甲醛标准储备液置于 250 mL 碘量瓶中，加 0.1 mol/L 碘溶液 30.0 mL，立即逐滴地加入 30 g/100 mL 氢氧化钠溶液至颜色褪到淡黄色为止（大约 0.7 mL）。静置 10 min，加（1+5）盐酸溶液 5 mL 酸化，（空白滴定时需多加 2 mL），在暗处静置 10 min，加入 100 mL 新煮沸但已冷却的水，用标定好的硫代硫酸钠溶液滴定至淡黄色，加入新配制的 1 g/100 mL 淀粉指示剂 1 mL，继续滴定至蓝色刚好消失为终点。同时进行空白测定。按式（2-19）计算甲醛标准储备液浓度：

$$\text{甲醛}(\mathrm{mg/mL}) = \frac{(V_1 - V_2) \times c_{\mathrm{Na_2S_2O_3}} \times 15.0}{5.0} \qquad (2\text{-}19)$$

式中：V_1——空白消耗硫代硫酸钠溶液体积的平均值，mL；

V_2——标定甲醛消耗硫代硫酸钠溶液的平均值，mL；

$c_{\mathrm{Na_2S_2O_3}}$——硫代硫酸钠溶液浓度，mol/L；

　　15.0——甲醛（1/2HCHO）摩尔质量；

　　5.0——甲醛标准储备液取样体积，mL。

（14）甲醛标准使用溶液。

用水将甲醛标准储备液稀释成 5.00 μg/mL 甲醛标准使用液，2～5 ℃储存，可稳定一周。

四、实验步骤

（一）样品的采集与保存

（1）采样系统由采样引气管、采样吸收管和空气采样器串联组成。吸收管体积为 50 mL 或 125 mL，吸收装液量分别为 20 mL 或 50 mL，以 0.5～1.0 L/min 的流量，采气 5～20 min。

（2）样品的保存。

采集好的样品于 2～5 ℃储存，2 d 内分析完毕，以防止甲醛被氧化。

（二）校准曲线的绘制

取 7 支 25 mL 具塞比色管按表 2-15 配制标准色列。

于上述标准系列中，用水稀释定容至 10.0 mL 刻度线，加 0.25%乙酰丙酮溶液 2.0 mL，混匀，置于沸水浴加热 3 min，取出冷却至室温，用 1 cm 吸收池，以水为参比，于波长 413 nm 处测定吸光度。

（三）样品测定

将吸收后的样品溶液移入 50 mL 或 100 mL 容量瓶中，用水稀释定容，取少于 10 mL 试样（吸取量视试样浓度而定），于 25 mL 比色管中用水定容至 10.0 mL 刻线，之后步骤按标准系列进行分光光度测定。

（四）空白试验

用现场未采样空白吸收管的吸收液按样品测定步骤进行空白测定。

五、实验记录表

实验记录如表 2-13 和表 2-14 所示。

表 2-13　采样记录表

日期	采样地点	起始时间	终了时间	采样时间/min	采样流量/(L/min)	采样体积/L	大气压力/kPa	大气温度/℃

表 2-14　空气中甲醛测定实验记录表

管号	0	1	2	3	4	5	6	样品	空白
甲醛标准溶液/mL	0	0.2	0.8	2.0	4.0	6.0	7.0		
甲醛/μg	0	1.0	4.0	10.0	20.0	30.0	35.0		
0.25%乙酰丙酮溶液	2.0 mL								
吸光度 A									
校正吸光度 A_0-A									

六、实验计算及结果

（一）将采样气体的体积按式（2-20）换算成标准状态下的空气体积

$$V_0 = V_t \times \frac{T_0}{273+t} \times \frac{p}{p_0} \qquad (2\text{-}20)$$

式中：V_0——标准状态下的采样气体体积，L；

V_t——采样体积，L；采样流量（L/min）乘以采样时间（min）；

p——采样点的大气压力，kPa；

t——采样点的气温，℃；

p_0——标准状态下的大气压力（101.3 kPa）；

T_0——标准状态下的绝对零度（273 K）。

（二）标准曲线的绘制

将标准溶液测得的吸光度 A 值扣除试剂空白（零浓度）的吸光度 A_0 值，便得到校准吸光度 y 值，以校准吸光度 y 为纵坐标，以甲醛含量 x（μg）为横坐标，绘制校准曲线，或用最小二乘法计算其回归方程式。注意"零"浓度不参与计算。

$$y = bx + a \qquad (2\text{-}21)$$

式中：y——$A-A_0$，溶液吸光度 A 与空白的吸光度 A_0 之差；

x——甲醛含量，μg；

a——校准曲线截距；

b——校准曲线斜率。

由斜率倒数求得校准因子：$Bs=1/b$。

（三）空气中甲醛含量的计算

空气中甲醛质量浓度（mg/m^3）按式（2-22）计算：

$$甲醛质量浓度(mg/m^3)=\frac{(A_0-A-a)}{b\times V_0}\times\frac{V_1}{V_2} \tag{2-22}$$

式中：A、A_0——分别为样品溶液和现场空白样品的吸光度；

　　　b——标准曲线的斜率，吸光度，$mL/\mu g$；

　　　a——标准曲线的截距；

　　　V_1——定容体积，mL；

　　　V_2——测定取样体积，mL；

　　　V_0——换算为标准状态（101.325 kPa，273 K）下的采样体积，L。

七、注意事项

日光照射能使甲醛氧化，因此在采样时使用棕色吸收管，在样品运输和存放过程中，都应采取避光措施。

第 3 章 土壤污染监测

实验 3.1 土壤 pH 的测定

一、实验原理

用水或盐溶液（1 mol/L KCl，0.01 mol/L CaCl$_2$）可提取土壤中的活性的和交换性的酸。当以 pH 玻璃电极为指示电极、甘汞电极为参比电极，插入土壤浸出液或土壤悬液中时，构成一电池反应，两极之间产生一个电位差。参比电极的电位是固定的，因而电位差的大小决定于试液中的氢离子活度。因此，可用电位计测定其电动势，换算成 pH；一般可用酸度计直接读得 pH。

二、主要仪器和试剂

（一）仪器和器皿

1/100 电子天平、酸度计、磁力搅拌器、50 mL 烧杯、吸水滤纸。

（二）试剂

（1）pH 4.01 标准缓冲溶液：称取经 105 ℃烘烤 2 h 的邻苯二甲酸氢钾 10.21 g，用无 CO$_2$ 的蒸馏水溶解，稀释至 1000 mL，在 20 ℃时，其 pH 为 4.01。

（2）pH 6.86 标准缓冲溶液：称取磷酸二氢钾 3.39 g 和无水磷酸氢二钠 3.53 g 溶于无 CO$_2$ 的蒸馏水中，加水至 1000 mL，此溶液在 25 ℃的 pH 为 6.86。

（3）pH 9.18 标准缓冲溶液：称取 3.80 g 四硼酸钠（Na$_2$B$_4$O$_7$·10H$_2$O）溶于无 CO$_2$ 的蒸馏水中，加水至 1000 mL，此溶液在 25 ℃的 pH 为 9.18。

（注：无二氧化碳蒸馏水：将蒸馏水置于烧杯中，加热煮沸数分钟，冷却后放在磨口玻璃瓶中备用。）

（4）1.0 mol/L KCl 溶液：称取 74.6 g KCl（化学纯）溶于 400 mL 水中，该溶液 pH 需用 10%KOH 和 HCl 调节至 5.5～6.5，然后稀释至 1 L。

（5）0.01 mol/L CaCl$_2$ 溶液：称取 147.02 g CaCl$_2$·2H$_2$O（分析纯）溶于 200 mL 水中，定容至 1 L，即为 1 mol/L CaCl$_2$ 溶液，取此液 10 mL 于 500 mL 烧杯中，加入 400 mL 水，用少量 Ca(OH)$_2$ 或 HCl 调节 pH 到约为 6，转入容量瓶定容至 1 L。

三、实验步骤

（一）试液的制备

称取过 20 目筛的土样 10.0 g，置于 50 mL 烧杯中，加 25.0 mL 无二氧化碳蒸馏水或盐溶液（1 mol/L KCl 或 0.01 mol/L CaCl$_2$ 溶液），轻轻摇动，使水土充分混合均匀。投入一枚磁搅拌子，放在磁力搅拌器上搅拌 1 min。放置 30 min，待测，此时应避免空气中有氨或挥发性酸。

（二）pH 计的校准

开机预热 10 min，将浸泡 24 h 以上的玻璃电极和甘汞电极或者复合电极浸入 pH6.86 标准缓冲溶液中，将 pH 计定位在 6.86 处，反复几次至不变为止。取出电极，用蒸馏水冲洗干净，用滤纸吸去水分，再插入 pH4.01（或 9.18）标准缓冲溶液中复核其 pH 是否正确（误差在 ±0.2pH 单位即可使用，否则要选择合适的玻璃电极）。

（三）样品测量

用蒸馏水冲洗电极，并用滤纸吸去水分，将玻璃电极和甘汞电极或者复合电极插入土壤试液或悬浊液中，待电极电位达到平衡，取 pH。每测一个样液后要用水冲洗电极，并用滤纸轻轻将电极上附着的水吸干，再进行第二个样液的测定。测定 5～6 个样品后，应用 pH 标准缓冲液校正仪器一次。

四、实验记录

实验记录如表 3-1 所示。

表 3-1　土壤 pH 测定记录表

样品编号	土壤类型	采样地点	测定 pH
1			
2			

五、注意事项

（1）我国各类土壤的 pH 变异很大，某些北方的碱土 pH 在 9 以上，西北干旱地区土壤 pH 在 8~9 以上的也相当普遍，石灰性土壤 pH 一般在 7.3~8.5；南方大面积红壤、黄壤的 pH 在 4.6~6.0，有的低至 3.6~3.3。

（2）如用 $Na_2HPO_4 \cdot 12H_2O$ 配制缓冲液，需将此固体试剂置于干燥器中，放置 2 周，使其成为带 2 个结晶水的 $Na_2HPO_4 \cdot 2H_2O$ 后，再经 130 ℃烘干成无水 Na_2HPO_4 备用。

（3）配制标准缓冲液的硼砂（$Na_2B_4O_7 \cdot 10H_2O$，分析纯），在使用前应置于盛有蔗糖和食盐的饱和溶液的干燥器内平衡 2 周。

（4）土样加入水或 1 mol/L 的 KCl 或 0.01 mol/L 的 $CaCl_2$ 溶液后的平衡时间对测得的土壤 pH 是有影响的，且随土壤类型而异。平衡快者 1 min 即可，慢者可长达 0.5~1 h。一般来说，平衡半小时是合适的。

（5）玻璃电极插入土壤悬液后应轻微摇动，以除去玻璃表面的水膜，加速平衡，这对于缓冲性弱和 pH 较高的土壤尤为重要。

（6）水土比对土壤 pH 有影响，一般酸性土，其水土比为 5:1~1:1，对测定结果影响不大；对碱性土，水土比增加，测得 pH 增高，因此测定土壤 pH 水土比应固定不变，一般以 1:1 或 2.5:1 为宜。

（7）风干土壤和潮湿土壤测得 pH 有差异，尤其是石灰性土壤，由于风干作用使土壤中大量 CO_2 逸失，其 pH 增高，因此风干土的 pH 为相对值。

实验 3.2   土壤水分的测定

土壤水分含量的测定有两个目的：一个是为了了解田间土壤的实际含水状况，以便及时进行灌溉、保墒或排水，以保证作物的正常生长；联系作物长相、长势及耕作栽培措施，总结丰产的水肥条件；联系苗情症状，为诊断提供依据；二是风干土样水分的测定，为各项分析结果计算的基础。风干土中水分含量受大气中相对湿度的影响，它不是土壤的一种固定成分，在计算土壤各种成分时不包括水分。因此，一般不用风干土作为计算的基础，而用烘干土作为计算的基础。分析时一般都用风干土，计算时就必须根据水分含量换算成烘干土。

一、实验原理

土壤样品在（105±2）℃烘至恒重时的失重，即为土壤样品所含水分的质量。

二、仪器设备

（1）铝盒：小型的直径约 40 mm，高约 20 mm；大型的直径约 55 mm，高约 28 mm。

（2）分析天平：感量为 0.001 g 和 0.01 g。

（3）小型电热恒温烘箱。

（4）干燥器：内盛变色硅胶或无水氯化钙。

三、测定步骤

（1）风干土样水分的测定。取小型铝盒在 105 ℃恒温箱中烘烤约 2 h，移入干燥器内冷却至室温，称重，准确至 0.001 g。用角勺将风干土样拌匀，舀取约 5 g，均匀地平铺在铝盒中，盖好，称重，准确至 0.001 g。将铝盒盖揭开，放在盒底下，置于已预热至（105±2）℃的烘箱中烘烤 6 h。取出，盖好，移入干燥器内冷却至室温（约需 20 min），立即称重。风干土样水分的测定应做两份平行测定（表 3-2）。

（2）新鲜土样水分的测定。将盛有新鲜土样的大型铝盒在分析天平上称重，准确至 0.01 g。揭开盒盖，放在盒底下，置于已预热至（105±2）℃的烘箱中烘烤 12 h。取出，盖好，在干燥器中冷却至室温（约需 30 min），立即称重。新鲜土样水分的测定应做三份平行测定。

四、实验记录

表 3-2　土壤水分测定记录表

烘干前铝盒+土壤样品重 m_1/g	
烘干前铝盒重 m_0/g	
土壤样品重（m_1-m_0）/g	
烘干后铝盒+土壤样品重 m_2/g	
土壤水分/%（以烘干土为基础的百分比）	

五、结果的计算

计算公式：

$$水分（分析基）（\%）=(m_1-m_2)/(m_1-m_0)\times100$$
$$水分（干基）（\%）=(m_1-m_2)/(m_2-m_0)\times100$$

$$(3-1)$$

式中：m_0——烘干前空铝盒质量，g；

　　　m_1——烘干前铝盒及土样质量，g；

　　　m_2——烘干后铝盒及土样质量，g。

实验 3.3　土壤总有机碳的测定

土壤有机碳的测定过程包括样品氧化和检测两部分。样品氧化有干法氧化和湿法氧化，本实验介绍两种方法：重铬酸钾氧化-分光光度法和总有机碳（TOC）分析仪测定方法。

（Ⅰ）重铬酸钾氧化-分光光度法

一、实验原理

在加热条件下，土壤样品中的有机碳被过量重铬酸钾-硫酸溶液氧化，重铬酸钾中的六价铬（Cr^{6+}）被还原为三价铬（Cr^{3+}），其含量与样品中有机碳的含量成正比，于 585 nm 波长处测定吸光度，根据三价铬（Cr^{3+}）的含量计算有机碳含量。

本方法适用于风干土壤中有机碳的测定，不适用于氯离子（Cl^-）含量大于 2.0×10^4 mg/kg 的盐渍化土壤或盐碱化土壤的测定。

当样品量为 0.5 g 时，本方法的检出限为 0.06%（以干重计），测定下限为 0.24%（以干重计）。

二、主要仪器和试剂

（一）仪器和器皿

（1）分光光度计：具 585 nm 波长，并配有 10 mm 比色皿。

（2）天平：精度为 0.1 mg。

（3）恒温加热器：温控精度为（135±2）℃。恒温加热器带有加热孔，其孔深应高出具塞消解玻璃管内液面约 10 mm，且具塞消解玻璃管露出加热孔部分约 150 mm。

（4）具塞消解玻璃管：具有 100 mL 刻度线，管径为 35～45 mm。

（注：具塞消解玻璃管外壁必须能够紧贴恒温加热器的加热孔内壁，否则不能保证消解完全。）

（5）离心机：0～3000 r/min，配有 100 mL 离心管。

（6）土壤筛：2 mm（10 目）、0.25 mm（60 目），不锈钢材质。

（7）一般实验室常用仪器和设备。

（二）试剂

（1）浓硫酸：$\rho(H_2SO_4) = 1.84$ g/mL。

（2）硫酸汞。

（3）重铬酸钾溶液：$c(K_2Cr_2O_7)$=0.27 mol/L。

称取 80.00 g 重铬酸钾溶于适量水中，溶解后移至 1000 mL 容量瓶，用水定容，摇匀。该溶液储存于试剂瓶中，4 ℃下保存。

（4）葡萄糖标准使用液：$\rho(C_6H_{12}O_6)$=10.00 g/L。

称取 10.00 g 葡萄糖溶于适量水中，溶解后移至 1000 mL 容量瓶，用水定容，摇匀。该溶液储存于试剂瓶中，有效期为一个月。

三、分析步骤

（一）试样的制备

将土壤样品置于洁净的白色搪瓷托盘中，平摊成 2～3 cm 厚的薄层。先剔除植物、昆虫、石块等残体，用木槌压碎土块，自然风干，风干时每天翻动几次。充分混匀风干土壤，采用四分法，取其两份，一份留存，一份通过 2 mm 土壤筛用于干物质含量测定。在过 2 mm 筛的样品中取出 10～20 g 进一步细磨，并通过 60 目（0.25 mm）土壤筛，装入棕色具塞玻璃瓶中，待测。

（二）标准曲线的绘制

分别量取 0.00、0.50、1.00、2.00、4.00 和 6.00 mL 葡萄糖标准使用液于 100 mL 具塞消解玻璃管中，其对应有机碳质量分别为 0.00、2.00、4.00、8.00、16.0 和 24.0 mg。

（1）分别加入 0.1 g 硫酸汞和 5.00 mL 重铬酸钾溶液，摇匀。再缓慢加入 7.5 mL 硫酸，轻轻摇匀。

（2）开启恒温加热器，设置温度为 135 ℃。当温度升至接近 100 ℃时，将上述具塞消解玻璃管开塞放入恒温加热器的加热孔中，在仪器温度显示 135 ℃时开始计时，加热 30 min。然后关掉恒温加热器开关，取出具塞消解玻璃管水浴冷却至室温。向每个具塞消解玻璃管中缓慢加入约 50 mL 水，继续冷却至室温。再用水定容至 100 mL 刻线，加塞摇匀。

（3）于波长 585 nm 处，用 10 mm 比色皿，以水为参比，分别测量吸光度。

（三）样品测定

准确称取适量试样，小心加入至 100 mL 具塞消解玻璃管中，避免沾壁。按照上述步骤（1）加入试剂，按照步骤（2）进行消解、冷却、定容。将定容后试液静置 1 h，取约 80 mL 上清液至离心管中以 2000 r/min 离心分离 10 min，再静置至澄清；或在具塞消解玻璃管内直接静置至澄清。最后取上清液按照标准曲线的步骤测量吸光度。土壤有机碳含量与试样取样量关系见表3-3。

表3-3　土壤有机碳含量与试样取样量关系

壤有机碳含量/%	0.00～4.00	4.00～8.00	8.00～16.0
试样取样量/g	0.400 0～0.500 0	0.200 0～0.250 0	0.100 0～0.125 0

注1：当样品有机碳含量超过16.0%时，应增大重铬酸钾溶液的加入量，重新绘制校准曲线。

注2：一般情况下，试液离心后静置至澄清约需5 h或直接静置至澄清约需8 h。

（四）空白试验

在具塞消解玻璃管中不加入试样，按照上述（1）、（2）、（3）步骤进行测定。

四、实验记录

实验记录如表3-4所示。

表3-4　土壤中的有机碳含量测定实验记录表

管号	1	2	3	4	5	6	样品	空白
葡萄糖标准液/mL	0.00	0.50	1.00	2.00	4.00	6.00		
有机碳质量/mg	0.00	2.00	4.00	8.00	16.00	24.00		
硫酸汞/g	0.1							
重铬酸钾溶液/mL	5.00							
硫酸/mL	7.5							
吸光度 A								
校正吸光度 $A-A_0$								

五、实验计算与结果

（一）标准曲线的绘制

以零浓度校正吸光度（$A-A_0$）为纵坐标，以对应的有机碳质量（mg）为横坐标，绘制校准曲线。以最小二乘法计算出标准曲线的回归方程 $y=a+bx$ 和相关系数 R^2。

（二）结果计算

土壤中的有机碳含量（以干重计，质量分数，%），按照公式（3-2）、（3-3）进行计算。

$$m_1 = m \times \frac{w_{dm}}{100} \tag{3-2}$$

$$\omega_{oc} = \frac{(A - A_0 - a)}{b \times m_1 \times 1000} \times 100 \tag{3-3}$$

式中：m_1——试样中干物质的质量，g；

　　　m——试样取样量，g；

　　　w_{dm}——土壤的干物质含量（质量分数），%；

　　　ω_{oc}——土壤样品中有机碳的含量（以干重计，质量分数），%；

　　　A——试样消解液的吸光度；

　　　A_0——空白试验的吸光度；

　　　a——校准曲线的截距；

　　　b——校准曲线的斜率。

（三）结果表示

当测定结果＜1.00%时，保留到小数点后两位；当测定结果≥1.00%时，保留三位有效数字。

六、注意事项

（1）为保证恒温加热器加热温度的均匀性，样品进行消解时，在没有样品的加热孔内放入装有 15 mL 硫酸的具塞消解玻璃管，避免恒温加热器空槽加热。

（2）硫酸具有较强的化学腐蚀性，操作时应按规定要求佩带防护器具，避免接触皮肤和衣物。样品消解应在通风橱内进行操作。检测后的废液应妥善处理。

（Ⅱ）总有机碳分析仪测定

本方法适用于土壤中总有机碳含量的有机碳分析仪快速测定（以日本岛津的 TOC-5000A 为例）。

一、实验原理

将土壤样品（用陶瓷样舟盛放）推入总有机碳分析仪固相进样装置的 TC 燃

烧管内，样品中的碳在高温条件下，经催化剂作用被氧化成 CO_2，由载气带入红外检测器中，定量测定 CO_2 含量，即可测得总碳含量（TC）。将土壤样品（用陶瓷样舟盛放）加入反应酸（磷酸）后，推入总有机碳分析仪固相进样装置的 IC 管内，样品中无机碳分解成 CO_2，由载气带入红外检测器中，定量测定 CO_2 含量，即可测得无机碳含量（IC）。总碳含量（TC）减去无机碳含量（IC），即为总有机碳含量（TOC）。

二、主要仪器和试剂

（一）仪器和器皿

（1）总有机碳分析仪 TOC-5000A（附固相进样装置）。

（2）陶瓷样舟。

（3）马弗炉。

（4）仪器参数。

TC 燃烧管温度：900 ℃；

IC 管温度：200 ℃；

测量时间：由仪器自动调节（标准为 CO_2 检测器检测不到 CO_2 时，即认为有机碳已彻底分解，样品测量结束）。

（二）试剂

（1）盐酸溶液（1 mol/L）：量取 85 mL 浓盐酸，边搅动边缓慢倒入 500 mL 水中，用水稀释至 1000 mL，混匀。

（2）碳酸钠，285 ℃条件下烘至恒重（1 h 以上），冷却，放置在干燥器中备用。

（3）葡萄糖，105 ℃条件下烘至恒重，冷却，放置在干燥器中备用。

三、实验步骤

（一）土壤样品的制备

选取有代表性风干土壤样品，用镊子挑除植物根叶等有机残体，然后用木棍把土块压细，使之通过 18 目筛。充分混匀后，从中取出试样 10～20 g，用玛瑙研钵研磨，并全部通过 200 目筛，装入棕色磨口瓶中备用。

（二）样品测定

（1）将所需陶瓷样舟经 2 mol/L HCL 浸泡 20 min 后将酸洗净，再用蒸馏水冲洗，烘干后放入 900 ℃的马弗炉灼烧 30 min。

（2）称取适量（进样量根据样品含碳量的多少进行调整）样品置于灼烧过的样舟内，推入 TC 燃烧管中，检测 TC。

（3）准确称量适量样品置于灼烧过的样舟内，加入磷酸后，推入 IC 管中，检测 IC。

（4）标准曲线的做法。

①检测样品的精度要求，可做单点或多点标准曲线。称取适量葡萄糖分别置于灼烧过的样舟内，依次推入 TC 燃烧管中，检测 TC，作出 TC 标准曲线。

②称量适量碳酸钠分别置于灼烧过的样舟内（为防止碳酸钠与浓磷酸剧烈反应溅出，可先滴加一滴新鲜高纯水将之浸润），加入磷酸后推入 IC 管中，检测 IC，作出 IC 标准曲线。低浓度条件下需测量空样舟的空白背景。

四、结果的表示

总有机碳含量（TOC）＝总碳含量（TC）–无机碳含量（IC）。

五、注意事项

（1）样品必须磨碎，过筛（100 目以下），以保证燃烧完全及反应完全。

（2）测定 IC 时，加入磷酸需将样品完全浸润（测完 IC 后，可观察样舟内样品是否有磷酸未浸到之处，并用 pH 试纸检测样舟内反应后样品的 pH，如 pH＞2，需增加磷酸加入量。

（3）如样品难以被黏稠的浓磷酸所浸润，可将反应用的浓磷酸用高纯水稀释一倍后使用。

（4）磷、碱金属、碱土金属含量较高的土壤样品需要 WO_3 处理后再上机测定。

实验 3.4　土壤中铜、锌的测定

（Ⅰ）原子吸收分光光度法

一、实验原理

采用盐酸-硝酸-氢氟酸-高氯酸全分解的方法，彻底破坏土壤的矿物晶格，使试样中的待测元素全部进入试液中。然后，将土壤消解液喷入空气-乙炔火焰中。在火焰的高温下，铜、锌化合物离解为基态原子，该基态原子蒸气对相应的空心阴极灯发射的特征谱线产生选择性吸收。在选择的最佳测定条件下，测定铜、锌的吸光度。

二、主要仪器和试剂

（一）仪器和器皿

（1）一般实验室仪器。

（2）原子吸收分光光度计（带有背景校正器）。

（3）铜空心阴极灯。

（4）锌空心阴极灯。

（5）乙炔钢瓶。

（6）空气压缩机，应备有除水、除油和除尘装置。

（7）仪器参数。

不同型号仪器的最佳测试条件不同，可根据仪器使用说明书自行选择。通常本方法采用表 3-5 中的测量条件。

表 3-5　仪器测量条件

元素	铜	锌
测定波长/nm	324.8	213.8
通带宽度/nm	1.3	1.3
灯电流/mA	7.5	7.5
火焰性质	氧化性	氧化性
其他可测定波长/nm	327.4，225.8	307.6

（二）试剂

（1）浓盐酸（HCl），$\rho=1.19$ g/mL，优级纯。

（2）浓硝酸（HNO_3），$\rho=1.42$ g/mL，优级纯。

（3）硝酸溶液，1＋1，用（2）配制。

（4）硝酸溶液，体积分数为 0.2%；用（2）配制。

（5）氢氟酸（HF），$\rho=1.15$ g/mL。

（6）高氯酸（$HClO_4$），$\rho=1.68$ g/mL，优级纯。

（7）硝酸镧 [$La(NO_3)_3 \cdot 6H_2O$] 水溶液，质量分数为 5%。

（8）铜标准储备液，1.000 mg/mL：称取 1.0000 g（精确至 0.0002 g）光谱纯金属铜于 50 mL 烧杯中，加入上述硝酸溶液（3）20 mL，温热，待完全溶解后，转移至 1000 mL 容量瓶中，用水定容至标线，摇匀。

（9）锌标准储备液，1.000 mg/mL：称取 1.0000 g（精确至 0.0002 g）光谱纯金属锌粒于 50 mL 烧杯中，用 20 mL 上述硝酸溶液（3）溶解后，转移至 1000 mL 容量瓶中，用水定容至标线，摇匀。

（10）铜、锌混合标准使用液，铜 20.0 mg/L，锌 10.0 mg/L：用上述硝酸溶液（4）逐级稀释铜、锌标准储备液（8）、（9）配制。

三、实验步骤

（一）试液的制备

准确称取 0.2～0.5 g（精确至 0.0002 g）试样于 50 mL 聚四氟乙烯坩埚中，用水润湿后加入 10 mL 浓盐酸，于通风橱内的电热板上低温加热，使样品初步分解，待蒸发至约剩 3 mL 左右时，取下稍冷，然后加入 5 mL 浓硝酸、5 mL 氢氟酸、3 mL 高氯酸，加盖后于电热板上中温加热。1 h 后，开盖，继续加热除硅，为了达到良好的飞硅效果，应经常摇动坩埚。当加热至冒浓厚白烟时，加盖，使黑色有机碳化物分解。待坩埚壁上的黑色有机物消失后，开盖驱赶高氯酸白烟并蒸至内容物呈黏稠状。视消解情况可再加入 3 mL（1+1）硝酸、3 mL 氢氟酸和 1 mL 高氯酸，重复上述消解过程。当白烟再次基本冒尽且坩埚内容物呈黏稠状时，取下稍冷，用水冲洗坩埚盖和内壁，并加入 1 mL（1+1）硝酸溶液温热溶解残渣。然后将溶液转移至 50 mL 容量瓶中，加入 5 mL 5%硝酸镧溶液，冷却后定容至标线，摇匀，备测。由于土壤种类较多，所含有机质差异较大，在消解时，要注意观察，各种酸的用量可视消解情况酌情增减。土壤消解液应呈白色或淡黄色（含铁量高的土壤），没有明显沉淀物存在。

同时做空白实验。

（注：电热板温度不宜太高，否则会使聚四氟乙烯坩埚变形。）

（二）校准曲线

参考表 3-6，在 50 mL 容量瓶中，各加入 5 mL 5%硝酸镧溶液，用 0.2%硝酸溶液，稀释铜、锌混合标准使用液，配制至少 5 个标准系列工作溶液，其浓度范围应包括试样中铜、锌的浓度。按照仪器使用说明书调节仪器至最佳工作条件，由低到高浓度测定其吸光度。用减去空白的吸光度与相对应的元素含量（mg/L）绘制校准曲线。

（三）样品测定

按照最佳工作条件，测定试液的吸光度。同时测定样品空白的吸光度。

四、实验记录

实验记录如表 3-6 所示。

表 3-6　土壤中的铜锌含量测定实验记录表

管号	0	1	2	3	4	5	样品	空白
混合标准使用液加入体积/mL	0.00	0.50	1.00	2.00	3.00	5.00		
校准曲线溶液浓度 Cu/（mg/L）	0.00	0.20	0.40	0.80	1.20	2.00		
校准曲线溶液浓度 Zn/（mg/L）	0.00	0.10	0.20	0.40	0.60	1.00		
吸光度 A								
校正吸光度 $A-A_0$								

五、实验计算及结果

土壤样品中铜、锌的含量 W [Cu（Zn），mg/kg] 按式（3-4）计算：

$$W = \frac{c \cdot V}{m(1-f)} \tag{3-4}$$

式中：c——试液的吸光度减去空白试验的吸光度，然后在校准曲线上查得铅、镉的含量，mg/L；

　　　V——试液（有机相）的体积，mL；

　　　m——称取试样重量，g；

　　　f——试样中的水分含量，%。

（Ⅱ）电感耦合等离子体发射光谱法

一、原理

土壤样品经过消解后，通过进样装置被引入到电感耦合等离子体中，根据各元素的发光强度测定其浓度。

二、主要仪器和试剂

（一）仪器和器皿

（1）电感耦合等离子体发射光谱仪，包括：

①进样装置。

可以控制样品输送量，安装有可控流量的蠕动泵、雾化器和喷雾室等组成。为了降低溶液产生的物理干扰，提高喷雾效率，也可以使用超声波雾化器。

②等离子体发光部。

由等离子体炬、电感耦合圈构成，炬管通常为三个同心石英管，由中心管导入样品。

③光谱部。

分光器是由具有分离邻近谱线分辨率的色散元件构成，扫描型分光器使用光电倍增管或半导体检测器。

（2）气体——高纯氩气（99.99%）。

（3）加热装置。

将树脂材料密封容器放入微波消解装置中的加热装置，将聚四氟乙烯材料的内置容器放入不锈钢外容器中后密闭，接着放入烘箱中的加热装置。

（4）测定条件按照下述参数设定仪器条件，但是，由于仪器型号的不同，操作条件也会有变化，需要设定最佳仪器条件。

分析波长：见表 3-7；

射频功率：1.2～1.5kW；

等离子体气体流量：16 L/min；

辅助气体流量：0.5 L/min；

载气流量：1.0 L/min。

表 3-7　各元素的 ICP-AES 分析波长

元素	分析波长/nm		
	1	2	3
Cu	327.396	324.754	224.700
Zn	213.856	202.551	206.191

（二）试剂

（1）水：18MΩ去离子水或相当纯度的去离子水。

（2）硝酸：ρ约 1.4 g/mL，65%，优级纯。

（3）盐酸：ρ约 1.16 g/mL，37%，优级纯。

（4）高氯酸：ρ约 1.67 g/mL，70%，优级纯。

（5）元素标准储备液：镉 100 mg/L、铅 100 mg/L、铜 100 mg/L、锌 100 mg/L、铁 100 mg/L、锰 100 mg/L、镍 100 mg/L、钼 100 mg/L、铬 100 mg/L。

（6）混合标准溶液（10 μg Cd、10 μg Pb、10 μg Cu、10 μg Zn、10 μg Fe、10 μg Mn、10 μg Ni、10 μg Mo、10 μg Cr）：分别准确移取 50 mL 元素标准储备溶液于 500 mL 容量瓶中，加入 10 mL 硝酸（1+1），以去离子水定容至刻度线。

三、实验步骤

（一）试液的制备

样品消解分为湿式消解法和加压容器消解法，样品经酸消解后制备成样品溶液。

（1）湿式消解法。

准确称取风干土壤样品（2～5 g，准确至 0.01 g）放入到 200 mL 烧杯中。分别加入 10 mL 硝酸和 20 mL 盐酸，轻轻振动，使样品和酸混合，之后放在电热板上加热，加热过程中烧杯上盖表面皿。（伴随消解的反应停止后，将表面皿稍稍挪开，或用玻璃棒等适当方式将表面皿撑起。）烧杯中液体体积近一半时，将烧杯从加热板上取下，再加入 20 mL 硝酸和 5 mL 高氯酸，继续放在加热板上加热，在液体体积在 20 mL 左右时，取下并放置冷却。如果高氯酸发白烟后液体颜色还是黑褐色或褐色时，再加入 10 mL 硝酸并加热。该操作重复多次直至液体颜色变为淡黄色或无色，同时驱赶尽剩余的高氯酸，之后液体蒸干。放置冷却后，向烧杯中加入 2 mL 硝酸和少量的水，再加入 50 mL 去离子水，静静加热后，直到不溶解物质沉淀下来，经滤纸过滤，滤液全部转移至 100 mL 容量瓶中。用少量去离子水洗涤烧杯中的残渣，并经滤纸过滤至容量瓶中。此过程重复 2～3 次。（注意不要使滤液体积超过 100 mL，如果超过 100 mL，需将滤液转移至烧杯中重新加热浓缩。）用去离子水定容至刻度。

（2）加压容器法。

准确称取风干土壤样品（2～5 g，准确至 0.01 g）放入密闭式聚四氟乙烯容器中。加入 5 mL 硝酸和 2 mL 盐酸，密闭后放入加热装置中，加压消解。（消解条件取决于所使用的加热装置和样品量。）冷却后，确认溶液的颜色为浅黄色或白色，之后转移至 100 mL 聚四氟乙烯烧杯中，用少量的去离子水冲洗消解容器和密封盖并转移至烧杯中，加热直至蒸干。（液体的颜色如果仍为茶褐色，需要继续再次消解。）将 2 mL 硝酸和少量去离子水加入到聚四氟乙烯烧杯中，加热使杯中固体溶解，之后用少量水洗涤杯壁。加入 50 mL 去离子水并静静加热后，直到不溶解物质沉淀下来，经滤纸过滤，滤液全部转移至 100 mL 容量瓶中。用少量水洗涤烧杯中的不溶物质，经滤纸过滤后并入容量瓶中。此操作重复 2～3 次。用去离子水定容至刻度。

（二）样品测定

（1）移取适量消解后的样品溶液于 100 mL 容量瓶中，加入适量硝酸使样品溶液酸浓度为 0.1～0.5 mol/L，加入去离子水定容至刻度。

（2）在 ICP-AES 正常运行后，将样品溶液通过进样系统引入到电感耦合等离子体中，以表 3-7 中的分析波长测定各元素的光谱强度。

各目标元素的浓度过高时，样品测定前需要稀释样品溶液。

如果仪器可以同时测定两个以上不同波长谱线的发射光谱强度时，也可以采用内标法。该方法是在 100 mL 容量瓶中准确加入 10.00 mL 铟标准溶液（50 μg/mL），加入适量的硝酸使溶液酸度与上述（1）样品溶液的酸度相同，用去离子水定容至刻度线。该溶液进行步骤（2）操作，在测定目标元素分析波长的同时测定铟的波长 451.131 nm 的发射光谱强度，求出目标元素与铟的发射光谱强度比。另外，分别移取 0.1～10 mL 的混合标准溶液至 100 mL 容量瓶中，分别加入 10 mL 铟标准溶液（50 μg/mL），加入适量硝酸，使标准溶液达到与样品溶液（1）相同的酸度后，用去离子水定容至刻度线。得到的校准用标准溶液进行步骤（2）的操作，测定各目标元素和内标元素的发射光谱强度，以各元素的浓度对元素的发射光谱强度/内标元素发射光谱强度比值关系做成校准曲线。由校准曲线求出样品中元素发射光谱强度比所相当的目标元素的浓度。

对于高盐浓度的样品，不能直接使用定量较准曲线时，可以采用标准加入法。但是，必须进行空白校正。

为了考察土壤中共存的主要元素的影响，可以测定同一元素的多个波长的发射光谱强度，确认不同波长处测定值是否有差异。

空白试验：在不加土壤样品的条件下重复步骤（1）的操作，按照（1）和（2）的操作求出各目标元素的发射光谱强度和强度比，并用来校正样品中各目标元素的发射光谱强度。

（三）校准曲线

在样品溶液测定时制作校准曲线。分别移取 0.1～10 mL 的混合标准溶液（10 μg/mL Cu、10 μg/mL Zn）至 100 mL 容量瓶中，加入适量硝酸，使标准溶液与样品相同的酸度后，用去离子水定容至刻度。得到的校准用标准溶液进行步骤（2）的操作。另外，取 20.0 mL 去离子水加入到 100 mL 容量瓶中，加入适量硝酸使溶液与样品溶液的酸度一致，用去离子水定容。得到的空白溶液进行步骤（2）的操作，修正标准溶液的发射光谱强度。以各元素的浓度对元素的发射光谱强度关系做成校准曲线。

四、实验结果

由定量校准曲线求出各目标元素的浓度，并换算为干样品中各元素的浓度（mg/kg）。

（注：本方法最低检出限为镉 0.1 mg/kg，一般土壤中镉含量低于些检测限。）

第4章　生物污染监测

实验 4.1　水中细菌总数的测定

　　细菌菌落总数（Colony Form Unit，CFU）是指 1 mL 水样在营养琼脂培养基中，于 37 ℃培养 24 h 后所生长的腐生性细菌菌落总数。依此作为判定饮用水、水源水、地表水等污染程度的标志。它是有机物污染程度的指标，也是卫生指标。在饮用水中所测得的细菌菌落总数，除说明了水被生活废弃物污染程度以外，还指示该饮用水能否饮用。但水源水中的细菌菌落总数不能说明污染的来源。因此，结合大肠菌群数以判断水的污染源的安全程度就更全面。我国《生活饮用水卫生标准》（GB 5749—2006）规定：细菌菌落总数在自来水中不得超过 100 个。

一、实验目的

　　1. 学习并掌握水体中细菌菌落总数的检验方法、检验原理、检验依据、数据处理和报告方式。
　　2. 了解水质与细菌菌落数之间的相关性，强化水体细菌总数的卫生意义的知识。

二、实验原理

　　细菌总数是指水样在一定条件下（培养基成分，培养温度和时间、pH、需氧性质等）培养后所得 1 mL 水样所含菌落的总数。按本实验指导书所得结果只包括一群能在营养琼脂上发育的嗜中温的需氧的细菌菌落总数。

三、主要仪器与试剂

　　（一）仪器和器皿

　　（1）高压蒸汽灭菌器。
　　（2）干热灭菌箱。
　　（3）培养箱（36±1）℃。
　　（4）电炉。

（5）天平。

（6）冰箱。

（7）放大镜或菌落计数器。

（8）pH 计或精密 pH 试纸。

（9）灭菌试管、平皿（直径 9cm）、刻度吸管、采样瓶等。

（二）培养基与试剂

（1）营养琼脂培养基：

蛋白胨	10 g
牛肉膏	3 g
氯化钠	5 g
琼脂	10～20 g
蒸馏水	1000 mL

（2）制法：将上述成分混合后，加热溶解，调整 pH 为 7.4～7.6，分装于玻璃容器中（如用国产含杂质较多的琼脂时，应先过滤），经 121 ℃灭菌 20 min，储存于冷暗处备用。

四、实验步骤

（一）水样的采集

（1）自来水：先将自来水龙头用火焰烧灼 3 min 灭菌，再打开水龙头使水流 5 min 后，以灭菌三角烧瓶接取水样，以待分析。

（2）池水、河水或湖水：应取距水面 10～15 cm 的深层水样，先将灭菌的带塞玻璃瓶的瓶口向下浸入水中，然后翻转过来，打开玻璃塞，水即流入瓶中。盛满后，将瓶塞盖好，再从水中取出。

（二）细菌菌落总数的测定

（1）自来水。

以无菌操作方法用灭菌吸管吸取 1 mL 充分混匀的水样，注入灭菌平皿中，倾注约 15 mL 已融化并冷却到 45 ℃左右的营养琼脂培养基，并立即旋摇平皿，使水样与培养基充分混匀。每次检验时应做一平行接种，同时另用一个平皿只倾注营养琼脂培养基作为空白对照。

待冷却凝固后，翻转平皿，使底面向上，置于 37 ℃培养箱内培养 24 h，进行菌落计数，即为水样 1 mL 中的细菌总数。

（2）池水、河水或湖水等。

①稀释水样：在无菌操作条件下，吸取 10 mL 水样，注入盛有 90 mL 无菌水的三角烧瓶，混合成 10^{-1} 稀释液，注意在吸取水样前，水样和稀释液应彻底搅动均匀。再吸稀释液 1 mL 按 10 倍稀释法稀释成 10^{-2}、10^{-3}、10^{-4} 等连续稀释度（图 4-1）。稀释倍数视水样污染程度而定，一般中等污染水样取 10^{-1}、10^{-2}、10^{-3} 三个连续稀释度，污染严重的取 10^{-2}、10^{-3}、10^{-4} 三个连续稀释度。稀释度的选择是实验精确度的关键，应以单个平板上的菌落数达到 30～300 个之间的稀释度为最佳，若三个稀释度的菌落数均多到或少到无法计数，则需继续稀释或减小稀释倍数。

②取水样至培养皿：用灭菌吸管吸取 1 mL 充分混合均匀的水样注入灭菌培养皿中，每一稀释度做两个培养皿。再注入约 15 mL 已融化并冷却到 45 ℃左右的营养琼脂培养基，并立即在桌上作平面旋摇，使水样与营养琼脂培养基充分混合均匀。营养琼脂培养基凝固后，倒置于 37 ℃恒温培养箱内培养。

（3）计菌落数：将培养 24 h 的平板取出，计菌落数。取在平板上有 30～300 个菌落的稀释倍数计数。

五、实验记录

（一）菌落计数及报告方法

作平皿菌落计数时，可用眼睛直接观察，必要时用放大镜检查，以防遗漏。在记下各平皿的菌落数后，应求出同稀释度的平均菌落数，供下一步计算时应用。在求同稀释度的平均数时，若其中一个平皿有较大片状菌落生长时，则不宜采用，应以无片状菌落生长的平皿作为该稀释度的平均菌落数。若片状菌落不到平皿的一半，而其余一半中菌落数分布又很均匀，则可将此半皿计数后乘 2 以代表全皿菌落数。然后再求该稀释度的平均菌落数。

（二）不同稀释度的选择及报告方法

（1）首先选择平均菌落数在 30～300 之间者进行计算，若只有一个稀释度的平均菌落数符合此范围时，则将该菌落数乘以稀释倍数报告之（表 4-1 实例 1）。

（2）若有两个稀释度，其生长的菌落数均在 30～300 之间，则视二者之比值来决定，若其比值小于 2 应报告两者的平均数（表 4-1 实例 2）。若大于 2 则报告其中稀释度较小的菌落总数（表 4-1 实例 3）。若等于 2 亦报告其中稀释度较小的菌落数（表 4-1 实例 4）。

（3）若所有稀释度的平均菌落数均大于 300，则应按稀释度最高的平均菌落数乘以稀释倍数报告之（表 4-1 实例 5）。

（4）若所有稀释度的平均菌落数均小于 30，则应以按稀释度最低的平均菌落数乘以稀释倍数报告之（表 4-1 实例 6）。

（5）若所有稀释度的平均菌落数均不在 30～300 之间，则应以最接近 30 或 300 的平均菌落数乘以稀释倍数报告之（表 4-1 实例 7）。

（6）若所有稀释度的均无菌落生长，则以<1 乘以稀释倍数报告之。

表 4-1　稀释度选择及菌落总数报告方式

实例	不同稀释度的平均菌落数			两个稀释度菌落数之比	菌落总数 /（CFU/mL）	报告方式 /（CFU/mL）
	10^{-1}	10^{-2}	10^{-3}			
1	1 365	164	20	—	16 400	16 000 或 $1.6×10^4$
2	2 760	295	46	1.6	37 750	38 000 或 $3.8×10^4$
3	2 890	271	60	2.2	27 100	27 000 或 $2.7×10^4$
4	150	30	8	2	1 500	1 500 或 $1.5×10^3$
5	多不可计	1 650	513	—	513 000	510 000 或 $5.1×10^5$
6	27	11	5	—	270	270 或 $2.7×10^2$
7	多不可计	305	12	—	30 500	31 000 或 $3.1×10^4$
8	0	0	0	—	$<1×10$	$<1×10$

（三）菌落计数及报告

菌落数在 100 以内时按实有数报告，大于 100 时，采用两位有效数字，在两位有效数字后面的数值，以四舍五入方法计算，为了缩短数字后面的零数也可用 10 的指数来表示（见表 4-1 "报告方式" 栏）。

（1）自来水菌落数记录见表 4-2。

表 4-2　自来水中细菌总数测定记录表

平板	1	2
菌落数		
平均菌落数		
1 mL 自来水中细菌总数/（CFU/mL）		

（2）池水、河水或湖水的菌落数见表 4-3。

表 4-3　池水、河水或湖水中细菌总数测定记录表

稀释度	10^{-1}		10^{-2}		10^{-3}	
平板	1	2	1	2	1	2
菌落数						
平均菌落数						
细菌总数 /（CFU/mL）						

六、注意事项

（1）从取样到检验不宜超过 4 h。若不能及时检测，应将水样保存在 10 ℃以下的冷藏设备中，但不得超过 24 h，并需在检验报告上注明。

（2）弄清每个培养皿的菌落数、每个稀释度的平均菌落数（代表值）和细菌菌落总数三者之间的关系。

实验 4.2　水中总大肠菌群的测定——多管发酵法

总大肠菌群指一群在 37 ℃培养 24 h 能发酵乳糖、产酸、产气、需氧和兼性厌氧的革兰氏阴性无芽包杆菌。该菌群主要来源于人畜粪便，具有指示菌的一般特性，故以此作为粪便污染指标评价饮用水的卫生质量。

一、实验目的

（1）掌握多管发酵法测定水中大肠菌群的操作技术。

（2）了解总大肠菌群的数量与水质的相关性。

二、实验原理

总大肠菌群可用多管发酵法或滤膜法检验。多管发酵法的原理是根据大肠菌群能发酵乳糖、产酸、产气，以及具备革兰氏染色阴性、无芽孢、呈杆状等有关

特性，通过三个步骤进行检验求得水样中的总大肠菌群数。试验结果以最可能数（Most Probable Number，MPN）表示。

三、主要仪器和试剂

（一）仪器和器皿

（1）高压蒸气灭菌器。
（2）恒温培养箱、冰箱。
（3）生物显微镜、载玻片。
（4）酒精灯、镍铬丝接种棒。
（5）培养皿（直径 100 mm）、试管（5 mm×150 mm）、吸管（1、5、10 mL）、烧杯（200、500、2000 mL）、锥形瓶（500、1000 mL）、采样瓶。

（二）培养基及染色剂的制备

（1）乳糖蛋白胨培养液：将 10 g 蛋白胨、3 g 牛肉膏、5 g 乳糖和 5 g 氯化钠加热溶解于 1000 mL 蒸馏水中，调节溶液 pH 为 7.2～7.4，再加入 1.6%溴甲酚紫乙醇溶液 1 mL，充分混匀，分装于试管中，于 121 ℃高压灭菌器中灭菌 15 min，储存于冷暗处备用。

（2）二倍浓缩乳糖蛋白胨培养液：按上述乳糖蛋白胨培养液的制备方法配制。除蒸馏水外，各组分用量增加至二倍。

（3）品红亚硫酸钠培养基。

①储备培养基的制备：于 2000 mL 烧杯中，先将 20～30 g 琼脂加到 900 mL 蒸馏水中，加热溶解，然后加入 3.5 g 磷酸氢二钾及 10 g 蛋白胨，混匀，使其溶解，再用蒸馏水补充到 1000 mL，调节溶液 pH 为 7.2～7.4。趁热用脱脂棉或绒布过滤，再加入 10 g 乳糖，混匀，定量分装于 250 mL 或 500 mL 锥形瓶内，置于高压灭菌器中，在 121 ℃灭菌 15 min，储存于冷暗处备用。

②平皿培养基的制备：将上述方法制备的储备培养基加热融化。根据锥形瓶内培养基的容量，用灭菌吸管按比例吸取一定量的 5%碱性品红乙醇溶液，置于灭菌试管中；再按比例称取无水亚硫酸钠，置于另一灭菌试管内，加灭菌水少许使其溶解，再置于沸水浴中煮沸 10 min（灭菌）。用灭菌吸管吸取已灭菌的亚硫酸钠溶液，滴加于碱性品红乙醇溶液内至深红色再褪至淡红色为止（不宜加多）。将此混合液全部加入已融化的储备培养基内，并充分混匀（防止产生气泡）。立即将此培养基适量（约 15 mL）倾入已灭菌的平皿内，待冷却凝固后，置于冰箱内备用，但保存时间不宜超过两周。如培养基已由淡红色变

成深红色，则不能再用。

（4）伊红美蓝培养基。

①储备培养基的制备：于 2000 mL 烧杯中，先将 20～30 g 琼脂加到 900 mL 蒸馏水中，加热溶解。再加入 2.0 g 邻酸二氢钾及 10 g 蛋白胨，混合使之溶解，用蒸馏水补充至 1000 mL，调节溶液 pH 为 7.2～7.4。趁热用脱脂棉或绒布过滤，再加入 10 g 乳糖，混匀后定量分装于 250 mL 或 500 mL 锥形瓶内，于 121 ℃高压灭菌 15 min，储存于冷暗处备用。

②平皿培养基的制备：将上述制备的储备培养基融化。根据锥形瓶内培养基的容量，用灭菌吸管按比例分别吸取一定量已灭菌的 2%伊红水溶液（0.4 g 伊红溶于 20 mL 水中）和一定量已灭菌的 0.5%美蓝水溶液（0.065 g 美蓝溶于 13 mL 水中），加入已融化的储备培养基内，并充分混匀（防止产生气泡），立即将此培养基适量倾入已灭菌的空平皿内，待冷却凝固后，置于冰箱内备用。

（5）革兰氏染色剂。

①结晶紫染色液：将 20 mL 结晶紫乙醇饱和溶液（称取 4～8 g 结晶紫溶于 100 mL95%乙醇中）和 80 mL 1%草酸铵溶液混合、过滤。该溶液放置过久会产生沉淀，不能再用。

②助染剂：将 1 g 碘与 2 g 碘化钾混合后，加入少许蒸馏水，充分振荡，待完全溶解后，用蒸馏水补充至 300 mL。此溶液两周内有效。当溶液由棕黄色变为淡黄色时应弃去。为易于储备，可将上述碘与碘化钾溶于 30 mL 蒸馏水中，临用前再加水稀释。

③色剂：95%乙醇。

④染剂：将 0.25 g 沙黄加到 10 mL95%乙醇中，待完全溶解后，加 90 mL 蒸馏水。

（三）其他试剂

二甲苯、香柏油、无菌水、pH 试纸、100 g/L NaOH 溶液、10%HCl 溶液。

四、测定步骤

（一）水样采集（同实验 4.1）

（二）生活饮用水

（1）初发酵试验：在两个装有已灭菌的 50 mL 三倍浓缩乳糖蛋白胨培养液的大试管或烧瓶中（内有倒管），以无菌操作各加入已充分混匀的水样 100 mL。在 10 支装有已灭菌的 5 mL 三倍浓缩乳糖蛋白胨培养液的试管中（内有倒管），以无菌操作加入充分混匀的水样 10 mL 混匀后置于 37 ℃恒温箱内培养 24 h。

情况分析：培养 24 h 后，①若培养基没变为黄色，即不产酸；倒置发酵管没有气体，即不产气，为阴性反应，表明无大肠菌群存在。②若培养基变为黄色，倒置发酵管有气体，即产酸又产气，为阳性反应，表明存在大肠菌群。③若培养基变为黄色，即产酸；但倒置发酵管没有气体，即不产气，延迟培养到 48 h 后才产气，视为可疑结果。

（2）平板分离：上述各发酵管经培养 24 h 后，将产酸、产气及只产酸的发酵管分别接种于伊红美蓝培养基或品红亚硫酸钠培养基上，置于 37 ℃恒温箱内培养 24 h，挑选符合下列特征的菌落：

①伊红美蓝培养基上：深紫黑色，具有金属光泽的菌落；紫黑色，不带或略带金属光泽的菌落；淡紫红色，中心色较深的菌落。

②品红亚硫酸钠培养基上：紫红色，具有金属光泽的菌落；深红色，不带或略带金属光泽的菌落；淡红色，中心色较深的菌落。

（3）取上述特征的群落进行革兰氏染色：

①用以培养 18～24 h 的培养物涂片，涂层要薄；

②将涂片在火焰上加温固定，待冷却后滴加结晶紫溶液，1 min 后用水洗去；

③滴加助色剂，1 min 后用水洗去；

④滴加脱色剂，摇动玻片，直至无紫色脱落为止（约 20～30 s），用水洗去；

⑤滴加复染剂，1 min 后用水洗去，晾干、镜检，呈紫色者为革兰氏阳性菌，呈红色者为阴性菌。

（4）复发酵试验：上述涂片镜检的菌落如为革兰氏阴性无芽孢的杆菌，则挑选该菌落的另一部分接种于装有普通浓度乳糖蛋白胨培养液的试管中（内有倒管），每管可接种分离自同一初发酵管（瓶）的最典型菌落 1～3 个，然后置于 37 ℃恒温箱中培养 24 h，有产酸、产气者（不论倒管内气体多少皆作为产气论），即证实有大肠菌群存在。根据证实有大肠菌群存在的阳性管（瓶）数查表 4-4 "大肠菌群检数表"，报告每升水样中的大肠菌群数。

（三）水源水

（1）于各装有 5 mL 三倍浓缩乳糖蛋白胨培养液的 5 个试管中（内有倒管），分别加入 10 mL 水样；于各装有 10 mL 乳糖蛋白胨培养液的 5 个试管中（内有倒管），分别加入 1 mL 水样；再于各装有 10 mL 乳糖蛋白胨培养液的 5 个试管中（内有倒管），分别加入 1 mL 1∶10 稀释的水样。共计 15 管，三个稀释度。将各管充分混匀，置于 37 ℃恒温箱内培养 24 h。

（2）板分离和复发酵试验的检验步骤同 "生活饮用水检验方法"。

（3）据证实总大肠菌群存在的阳性管数，查表 4-5 "最可能数（MPN）表"，即求得每 100 mL 水样中存在的总大肠菌群数。

（四）地表水和废水

（1）地表水中较清洁水的初发酵实验同"水源水检验方法"。对污染严重的地表水和废水，初发酵试验的接种水样应做 1∶10、1∶100、1∶1000 或更高倍数的稀释，检验步骤同"水源水检验方法"。

（2）如果接种的水样量不是 10 mL、1 mL 和 0.1 mL，而是较低或较高的三个浓度的水样量，也可查表求得 MPN 指数，再经式（4-1）换算成每 100 mL 的 MPN 值：

$$\text{MPN值} = \text{MPN指数} \times \frac{10(\text{mL})}{\text{接种量最大的一管}(\text{mL})} \qquad (4\text{-}1)$$

我国目前以 1 L 为报告单位，故 MPN 值再乘以 10，即 1 L 水样中的总大肠菌群数。

表 4-4　大肠菌群检验表

10 mL 水量的阳性管数	100 mL 水量的阳性瓶数		
	0	1	2
	1 L 水样大肠菌群数	1 L 水样大肠菌群数	1 L 水样大肠菌群数
0	<3	4	11
1	3	8	18
2	7	13	27
3	11	18	38
4	14	24	52
5	18	30	70
6	22	36	92
7	27	43	120
8	31	51	161
9	36	60	230
10	40	69	>230

注：接种水样总量 300 mL（2 份 100 mL，10 份 10 mL）。

表 4-5 最可能数（MPN）表

出现阳性份数			每100 mL 水样中细菌数的最大可能数	95%可信限值		出现阳性份数			每100 mL 水样中细菌数的最大可能数	95%可信限值	
10 mL	1 mL	0.1 mL		下限	上限	10 mL	1 mL	0.1 mL		下限	上限
0	0	0	<2	<0.5		4	2	1	26	9	78
0	0	1	2	<0.5	7	4	3	0	27	9	80
0	1	0	2	<0.5	7	4	3	1	33	11	93
0	2	0	4	<0.5	11	4	4	0	34	12	93
1	0	0	2	<0.5	7	5	0	0	23	7	70
1	0	1	4	<0.5	11	5	1	1	34	11	89
1	1	0	4	<0.5	11	5	0	2	43	15	110
1	1	1	6	<0.5	15	5	1	0	33	11	93
1	2	0	6	<0.5	15	5	1	1	46	16	120
2	0	0	5	<0.5	13	5	1	2	63	21	150
2	0	1	7	1	17	5	2	0	49	17	130
2	1	0	7	1	17	5	2	1	70	23	170
2	1	1	9	2	21	5	2	2	94	28	220
2	2	0	9	2	21	5	3	0	79	25	190
2	3	0	12	3	28	5	3	1	110	31	250
3	0	0	8	1	19	5	3	2	140	37	310
3	0	1	11	2	25	5	3	3	180	44	500
3	1	0	11	2	25	5	4	0	130	35	300
3	1	1	14	4	34	5	4	1	170	43	190
3	2	0	14	4	34	5	4	2	220	57	700
3	2	1	17	5	46	5	4	3	280	90	850
3	3	0	17	5	46	5	4	4	350	120	1 000
4	0	0	13	3	31	5	5	0	240	68	750
4	0	1	17	5	46	5	5	1	350	120	1 000
4	1	0	17	5	46	5	5	2	540	180	1 400
4	1	1	21	7	63	5	5	3	920	300	3 200
4	1	2	26	9	78	5	5	4	1 600	640	5 800
4	2	0	22	7	67	5	5	5	≥2 400		

注：接种5份10 mL水样、5份1 mL水样、5份0.1 mL水样时，不同阳性及阴性情况下100 mL水样中细菌数的最大可能数和95%可信限值。

实验 4.3　水中粪大肠菌群的测定

（参考 HJ/T 347—2007）（B）

粪大肠菌群是总大肠菌群的一部分，主要来自粪便。由于总大肠菌群既包括了来源于人类和其他温血动物粪便的粪大肠菌群，还包括了其他非粪便的菌群，故不能直接反映水体近期是否受到粪便污染。而粪大肠菌群能更准确地反映水体受粪便污染的情况，是目前国内外通行的监测水质是否受粪便污染的指示菌，在卫生学上具有重要的意义。

（Ⅰ）多管发酵法

一、实验目的

（1）在测定总大肠菌群的基础上，学会检测粪大肠菌群的方法。

（2）了解粪大肠菌群数量与水质状况的关系。

二、实验原理

在 44.5 ℃温度下能生长并发酵乳糖产酸产气的大肠菌群称为粪大肠菌群。用提高培养温度的方法，造成不利于来自自然环境的大肠菌群生长的条件，使培养出来的菌群主要为来自粪便中的大肠菌群，即为粪大肠菌群。

本方法适用于生活饮用水和水源水中粪大肠菌群的多管发酵法和滤膜法测定。

三、主要仪器和试剂

（一）仪器和器皿

（1）恒温水浴：（44.5±0.2）℃或隔水式恒温培养箱。

（2）培养箱：（36±1）℃。

（3）冰箱：0~4 ℃。

（4）天平。

（5）试管。

（6）分度吸管：1 mL、10 mL。

（7）锥形瓶。

（8）小倒管。

（二）培养基和试剂

（1）单倍乳糖蛋白胨培养液：制法和成分与总大肠菌群多管发酵法相同。

（2）三倍乳糖蛋白胨培养液：按上述配方比例三倍（除蒸馏水外），配成三倍浓缩的乳糖蛋白胨培养液，制法同上。

（3）EC 培养液。

成分：

胰胨	20 g
乳糖	5 g
胆盐三号	1.5 g
磷酸氢二钾（K_2HPO_4）	4 g
磷酸二氢钾（KH_2PO_4）	1.5 g
氯化钠	5 g
蒸馏水	1000 mL

制法：将上述成分加热溶解，然后分装于含有玻璃倒管的试管中。置于高压蒸汽灭菌器中，115 ℃灭菌 20 min。灭菌后 pH 应为 6.9±0.2。

（4）培养基的存放。

在密封瓶中的脱水培养基成品要存放在大气湿度低、温度低于 30 ℃的暗处，存放时应避免阳光直接照射，并且要避免杂菌侵入和液体蒸发。当培养液颜色变化，或体积变化明显时废弃不用。

四、实验步骤

（一）水样接种量

将水样充分混匀后，根据水样污染的程度确定水样接种量。每个样品至少用三个不同的水样量接种。同一接种水样量要有五管。

相对未受污染的水样接种量为 10、1、0.1 mL。受污染水样接种量根据污染程度接种 1、0.1、0.01 mL 或 0.1、0.01、0.001 mL 等。使用的水样量可参考表 4-6。

表 4-6 接种用水量参考表

种类水样	检测方法	接种量/mL								
		100	50	10	1	0.1	10^{-2}	10^{-3}	10^{-4}	10^{-5}
井水	多管发酵法				×××					
河水、塘水	多管发酵法				×××					
湖水、塘水	多管发酵法				×××					
城市原污水	多管发酵法				×××					

如接种体积为 10 mL，则试管内应装有三倍浓度乳糖蛋白胨培养液 5 mL；如接种量为 1 mL 或少于 1 mL，则可接种于 10 mL 普通浓度的乳糖蛋白胨培养液中。

（二）初发酵试验

将水样分别接种到盛有乳糖蛋白胨培养液的发酵管中。在（37±0.5）℃下培养（24±2）h。产酸和产气的发酵管表明试验阳性。如在倒管内产气不明显，可轻拍试管，有小气泡升起的为阳性。

（三）复发酵试验

轻微振荡初发酵试验阳性结果的发酵管，用 3 mm 接种环或灭菌棒将培养物转接到 EC 培养液中。在（44.5±0.5）℃温度下培养（24±2）h（水浴箱的水面应高于试管中培养基液面）。接种后所有发酵管必须在 30 min 内放进水浴中。培养后立即观察，发酵管产气则证实为粪大肠菌群阳性。

（四）结果报告

根据证实为粪大肠菌群的阳性管数，查 MPN 检索表，报告每 100 mL 水样中粪大肠菌群的 MPN 值。

（Ⅱ）滤 膜 法

一、实验原理

滤膜是一种微孔性薄膜。将水样注入已灭菌的放有滤膜（孔径 0.45 μm）的滤器中，经过抽滤，细菌即被截留在膜上，然后将滤膜贴于 M-FC 培养基上，在 44.5 ℃

温度下进行培养，记录滤膜上生长的此特性的菌落数，计算出每 1 L 水样中含有粪大肠菌群数。

二、培养基和试剂

（一）M-FC 培养基

胰胨	10 g
蛋白胨	5 g
酵母浸膏	3.0 g
氯化钠	5.0 g
乳糖	12.5 g
胆盐三号	1.5 g
1%苯胺蓝水溶液	10 mL
1%玫瑰色酸溶液（溶于 0.2 mol/L 氢氧化钠液中）	10 mL
蒸馏水	1000 mL

制法：将上述培养基中的成分（除苯胺蓝和玫瑰色酸外），置于蒸馏水中加热溶解，调节 pH 为 7.4，分装于小烧瓶内，每瓶 100 mL，于 115 ℃灭菌 20 min。储存于冰箱中备用。临用前，按上述配方比例，用灭菌吸管分别加入已煮沸灭菌的 1%苯胺蓝溶液 1 mL 及新配制的 1%玫瑰色酸溶液（溶于 0.2 mol/L 氢氧化钠液中）1 mL，混合均匀。加热溶解前，加入 1.2%～1.5%琼脂可制成固体培养基。如培养物中杂菌不多，则培养基中不加玫瑰色酸亦可。

（二）培养基的存放

在密封瓶中的脱水培养基成品要存放在大气湿度低、温度低于 30 ℃的暗处，存放时应避免阳光直接照射，并且要避免杂菌侵入和液体蒸发。当培养液颜色变化，或体积变化明显时废弃不用。

三、实验步骤

（1）水样量的选择：水样量的选择根据细菌受检验的特征和水样中预测的细菌密度而定。如未知水样中粪大肠菌的密度，就应按表 4-7 所列体积过滤水样，以得知水样的粪大肠杆菌密度。先估计出适合在滤膜上计数所应使用的体积，然后再取这个体积的 1/10 和 10 倍，分别过滤。理想的水样体积是一片滤膜上生长 20～60 个粪大肠菌群菌落，总菌落数不得超过 200 个。使用的水样量可参考表 4-7。

表 4-7　接种水量参考表

水样种类	检测方法	接种量/mL								
		100	50	10	1	0.1	10^{-2}	10^{-3}	10^{-4}	10^{-5}
较清洁的湖水	滤膜法				×××					
一般的江水	滤膜法				×××					
城市内的河水	滤膜法				×××					
城市原污水	滤膜法				×××					

（2）滤膜及滤器的灭菌：将滤膜放入烧杯中，加入蒸馏水，置于沸水浴中煮沸灭菌 3 次，每次 15 min。前两次煮沸后需更换水洗涤 2～3 次，以除去残留溶剂。也可用 121 ℃灭菌 10 min，时间一到，迅速将蒸汽放出，这样可以尽量减少滤膜上凝集的水分。滤器、接液瓶和垫圈分别用纸包好，在使用前先经 121 ℃高压蒸汽灭菌 30 min。滤器灭菌也可用点燃的酒精棉球火焰灭菌。

（3）过滤：用无菌镊子夹取灭菌滤膜边缘，将粗糙面向上，贴放在已灭菌的滤床上，稳妥地固定好滤器。将适量的水样注入滤器中，加盖，开动真空泵即可抽滤除菌。

（4）培养：水样滤完后，再抽气约 5 s，关上滤器阀门，取下滤器，用灭菌镊子夹取滤膜边缘部分，移放在 M-FC 培养基上，滤膜截留细菌面向上，滤膜应与培养基完全贴紧，两者间不得留有气泡，然后将平皿倒置，置于能准确恒温在（44.5±0.5）℃的恒温培养箱内经（24±2）h 培养。若用恒温水浴培养，则需用防水胶带贴封每个平皿，将培养皿成叠封入防水塑料袋或容器内，浸没在（44.5±0.5）℃恒温水浴中。在培养时间内，装培养皿的塑料袋必须用重物坠于水面之下，以保持所需的严格温度。所有已制备的培养物都应在过滤后 30 min 内浸入水浴内。

四、结果的计算

粪大肠菌群菌落在 M-FC 培养基上呈蓝色或蓝绿色，其他非粪大肠菌群菌落呈灰色、淡黄色或无色。正常情况下，由于温度和玫瑰酸盐试剂的选择性作用，在 M-FC 培养基上很少见到非粪大肠菌群菌落。必要时可将可疑菌落接种于 EC 培养液，（44.5±0.5）℃培养（24±2）h，如产气则证实为粪大肠菌群。

计数呈蓝或蓝绿色的菌落，计算出每 1 L 水样中的粪大肠菌群数。

$$粪大肠菌群菌落数（个/L）= \frac{滤膜上生长的粪大肠菌群落数 \times 1000}{过滤水样量（mL）}$$

实验 4.4　头发中汞的测定——直接测汞仪法

一、实验目的

（1）掌握测汞仪的原理和操作方法。
（2）熟悉头发中汞的测定方法。

二、方法原理

样品通过自动进样器导入仪器中，在氧气流的负载下，样品在干燥热分解炉中被干燥，继而被热分解。热分解产物由载气带入催化管中催化还原，汞被还原成汞原子，而其他含有卤素、氮、硫的氧化物等分解产物由催化床捕获。汞蒸气由载气带入解析炉，被汞齐化器收集进行完全金汞齐反应，随后高温解析。最后在吸收池内于 253.65 nm 波长处用冷原子吸收光谱法测定样品中解析出的汞含量。

三、主要仪器和试剂

（一）仪器和器皿

（1）电子天平：感量 0.0001 g。
（2）DMA80 型直接测汞仪。
（3）样品舟：使用前置 650 ℃马弗炉灼烧 0.5 h，冷却至 100～150 ℃后转移到干燥器中备用。

（二）试剂

（1）硝酸（优级纯）。

（2）硝酸溶液（1+9）：量取硝酸（1）50 mL，缓缓倒入 450 mL 水中，摇匀。

（3）重铬酸钾（优级纯）。

（4）汞标准稳定剂：将 0.5 g 重铬酸钾溶于 950 mL 水中，再加 50 mL 硝酸，摇匀。

（5）汞标准储备溶液：称取经充分干燥过的氯化汞（$HgCl_2$）0.1354 g，用汞标准稳定剂溶解后，转移到 100 mL 容量瓶中，再用汞标准稳定剂定容，摇匀，此溶液每毫升相当于 1 mg 汞。

（6）汞标准使用溶液 1：吸取汞标准储备溶液 1.00 mL 于 100 mL 容量瓶中，用硝酸溶液（2）定容，摇匀，此溶液浓度为 10 μg/mL。

（7）汞标准使用溶液 2：吸取 1.00 mL 汞标准溶液（6）于 100 mL 容量瓶中，用硝酸溶液定容，摇匀，得到溶液浓度为 100 ng/mL，用于配制标准曲线。

四、测定步骤

（一）发样预处理

将发样用 50 ℃中性洗涤水溶液洗 15 min，随即用蒸馏水冲洗 3～5 次，将洗净的发样在空气中晾干，用不锈钢剪刀剪成 3 mm 长，保存备用。

（二）标准曲线绘制

做工作曲线时，仪器首先从 0.00 ng 汞开始标定。重复多次测量空白样品舟直至吸光度为 0.0030Abs 以下。

准确移取 0.00、0.10、0.20、0.30 mL 汞标准使用溶液 2 及 0.01、0.02、0.05 mL 汞标准使用溶液 1 于样品舟，将测得的吸光度为纵坐标，对应的汞含量（ng）为横坐标，制作全范围工作曲线。（低浓度范围：0～20 ngHg；高浓度范围：20～800 ngHg）

（三）样品测定

称取样品在 0.035～0.050 g 于样品舟，按照仪器使用说明书调节仪器至最佳工作状态，测定其吸光度，与标准曲线比较定量。

在相同实验条件下，与试样测定的同批做空白试验，除不加试样外，按样品步骤进行。

五、实验记录

实验记录如表 4-8 所示。

表 4-8 头发中汞的测定实验记录表

管号	0	1	2	3	4	5	6	样品	空白
汞标准液 2/ml	0.00	0.10	0.20	0.30					
汞标准液 1/mL					0.01	0.02	0.05		
汞质量/ng	0	10	20	30	100	200	500		
吸光度									

六、实验计算及结果

（一）标准曲线的绘制

以汞质量为横坐标，校正吸光度 A' 为纵坐标，在直角坐标系中作图，以最小二乘法计算出标准曲线的回归方程 $y=a+bx$ 和相关系数 R^2。绘制标准曲线。

（二）头发中汞含量

由样品的校正吸光度（样品吸光度减去空白吸光度），从标准曲线上查得汞含量 m（ng）。

$$头发中汞含量 (Hg, mg/kg)=\frac{m}{M} \tag{4-2}$$

式中：m——由标准曲线查得的汞含量，ng；

M——头发样品重量，g。

实验 4.5 大米中镉的测定——石墨炉原子吸收法

（参考 GB/T5009.15—2003）

一、实验目的

（1）掌握石墨炉原子吸收法测定镉的原理和操作方法。
（2）了解重金属测定的有关知识。

二、实验原理

试样经灰化或酸消解后，注入原子吸收分光光度计石墨炉中，电热原子化后吸收 228.8 nm 共振线，在一定浓度范围，其吸收值与镉含量成正比，与标准系列比较定量。

　　本方法适用于各类食品中镉的测定方法，方法检出限为 0.1 μg/kg，标准曲线线性范围为 0～50 ng/mL。

三、主要仪器和试剂

（一）仪器和器皿

（1）原子吸收分光光度计（附石墨炉及镉空心阴极灯）。

（2）马弗炉。

（3）恒温干燥箱。

（4）瓷坩埚。

（5）压力消解器、压力消解罐或压力溶弹。

（6）可调式电热板可调式电炉。

（二）试剂

（1）硝酸。

（2）硫酸。

（3）过氧化氢（30%）。

（4）高氯酸。

（5）硝酸（1+1）：取 50 mL 硝酸慢慢加入 50 mL 水中。

（6）硝酸（0.5 mol/L）：取 3.2 mL 硝酸加入 50 mL 水中，稀释至 100 mL。

（7）盐酸（1+1）：取 50 mL 盐酸慢慢加入 50 mL 水中。

（8）磷酸铵溶液（20 g/L）：称取 2.0 g 磷酸铵，以水溶解稀释至 100 mL。

（9）混合酸：硝酸+高氯酸（4+1）。取 4 份硝酸与 1 份高氯酸混合。

（10）镉标准储备液：准确称取 1.000 g 金属镉（99.99%），分次加 20 mL 盐酸（1+1）溶解，加 2 滴硝酸，移入 1000 mL 容量瓶，加水至刻度，混匀。此溶液每毫升含 1.0 mg 镉。

（11）镉标准使用液：每次吸取镉标准储备液 10.0 mL 于 100 mL 容量瓶中，加硝酸（0.5 mol/L）至刻度。如此经多次稀释成每毫升 100.0 ng 镉的标准使用液。

四、实验步骤

（一）试样预处理

（1）在采样和制备过程中，应注意不使试样污染。

（2）样品去掉杂质，磨碎，过 20 目筛，储存于塑料瓶中，保存备用。

（二）试样消解（可根据实验室条件选用以下任何一种方法消解）

（1）压力消解罐消解法：称取 1.00～2.00 g 试样（干样、含脂肪高的试样＜1.00 g，鲜样＜2.0 g 或按压力消解罐使用说明书称取试样）于聚四氟乙烯内罐，加硝酸 2～4 mL 浸泡过夜。再加过氧化氢（30%）2～3 mL（总量不能超过罐容积的 1/3）。盖好内盖，旋紧不锈钢外套，放入恒温干燥箱，120～140 ℃保持 3～4 h，在箱内自然冷却至室温，用滴管将消化液洗入或过滤入（视消化液有无沉淀而定）10～25 mL 容量瓶中，用水少量多次洗涤罐，洗液合并于容量瓶中并定容至刻度，混匀备用；同时作试剂空白。

（2）干法灰化：称取 1.00～5.00 g（根据镉含量而定）试样于瓷坩埚中，先小火在可调式电炉上炭化至无烟，移入马弗炉 500 ℃灰化 6～8 h，冷却。若个别试样灰化不彻底，则加 1 mL 混合酸在可调式电炉上小火加热，反复多次直到消化完全，放冷，用硝酸（0.5 mol/L）将灰分溶解，用滴管将试样消化液洗入或过滤入（视消化液有无沉淀而定）10～25 mL 容量瓶中，用水少量多次洗涤瓷坩埚，洗液合并于容量瓶中并定容至刻度，混匀备用；同时作试剂空白。

（3）过硫酸铵灰化法：称取 1.00～5.00 g 试样于瓷坩埚中，加 2～4 mL 硝酸浸泡 1 h 以上，先小火炭化，冷却后加 2.00～3.00 g 过硫酸铵盖于上面，继续炭化至不冒烟，转入马弗炉 500 ℃恒温 2 h，再升至 800 ℃，保持 20 min，冷却，加 2～3 mL 硝酸（1.0 mol/L），用滴管将试样消化液洗入或过滤入（视消化液有无沉淀而定）10～25 mL 容量瓶中，用水少量多次洗涤瓷坩埚，洗液合并于容量瓶中并定容至刻度，混匀备用；同时作试剂空白。

（4）湿式消解法：称取试样 1.00～5.00 g 于三角瓶或高脚烧杯中，放数粒玻璃珠，加 10 mL 混合酸，加盖浸泡过夜，加一小漏斗在电炉上消解，若变棕黑色，再加混合酸直至冒白烟，消化液呈无色透明或略带黄色，放冷，用滴管将试样消化液洗入或过滤入（视消化后试样的盐分而定）10～25 mL 容量瓶中，用水少量多次洗涤三角瓶或高脚烧杯，洗液合并于容量瓶中并定容至刻度，混匀备用；同时作试剂空白。

（三）测定

（1）仪器条件：根据各自仪器性能调至最佳状态。参考条件为波长 228.8 nm，狭缝 0.5～1.0 nm，灯电流 8～10 mA，干燥温度 120 ℃，20 s；灰化温度 350 ℃，15～20 s，原子化温度 1700～2300 ℃，4～5 s，背景校正为氘灯或塞曼效应。

（2）标准曲线绘制：吸取上面配制的镉标准使用液 0.0、1.0、2.0、3.0、5.0、7.0、10.0 mL 于 100 mL 容量瓶中稀释至刻度，相当于 0.0、1.0、2.0、3.0、5.0、

7.0、10.0 ng/mL，各吸取 10 μL 注入石墨炉，测得其吸光值并求得吸光值与浓度关系的一元线性回归方程。

（3）试样测定：分别吸取样液和试剂空白液各 10μL 注入石墨炉，测得其吸光值，代入标准系列的一元线性回归方程中求得样液中镉含量。

（4）基体改进剂的使用：对有干扰试样，则注入适量的基体改进剂磷酸铵溶液（20 g/L）（一般为＜5μL）消除干扰。绘制镉标准曲线时也要加入与试样测定时等量的基体改进剂。

五、实验计算及结果

试样中镉含量按式（4-3）进行计算。

$$X = \frac{(A_1 - A_2) \times V \times 1000}{m \times 1000} \qquad (4\text{-}3)$$

式中：X——试样中镉含量，μg/kg；

　　A_1——测定试样消化液中镉含量，ng/mL；

　　A_2——空白液中镉含量，ng/mL；

　　V——试样消化液总体积，mL；

　　m——试样质量或体积，g 或 mL。

计算结果保留两位有效数字。

六、注意事项

（1）大米消化过程中，最后除 $HClO_4$ 时必须防止将溶液蒸干，不慎蒸干时 Fe、Al 可能形成难溶的氧化物包藏镉，使结果偏低。注意无水 $HClO_4$ 会爆炸！

（2）高氯酸的纯度对空白值的影响很大，直接关系到测定结果的准确度，因此必须注意全程空白值的扣除，并尽量减少加入量，以降低空白值。

第 5 章　物理污染监测

实验 5.1　环境噪声的监测

一、实验目的

（1）掌握声级计的使用方法。
（2）掌握交通噪声、环境噪声的测量方法。

二、实验原理

用传声器将声音转换成电信号，再由前置放大器变换阻抗，使传声器与衰减器匹配。放大器将输入信号加到计权网络，对信号进行频率计权，然后再经衰减器及放大器将信号放大到一定的幅值，送到有效值检波器，在指示表头上给出噪声声级的数值。

图 5-1　Az8921 型声级计

三、实验仪器

以 AZ8921 型声级计为例（图 5-1）。

四、测量条件

1. 气象条件

测量一般选在无雨、无雪的气候条件下进行（要求在有雨、雪等特殊条件下进行测量的情况除外）。风力在三级以上时，应采取必要措施避免风噪声干扰。

2. 测量地点的选定

测量点选在市区交通干线一侧的人行道上，在与公路交叉口 50 m 以外距离公路边缘 20 cm 处。这样该点的噪声可以用来代表两路口间该段公路的噪声。

3. 手持仪器测量

为尽可能减少反射影响，要求传声器置于测点上方，离地面高 1.2 m，垂直指向公路，并远离其他反射结构，如建筑物等。

五、声级计使用方法

1. 开关"ON/OFF"键

按下"ON/OFF"键开启声级计电源，预热机器大约 10 s，之后在声级计的屏幕中央会显示目前噪声量的数位读值，同时在 LCD 荧幕上端会有条码显示对目前音量的测量。

2. 设定频率加权"C/A"键

"A"表示 A 计权，"C"表示 C 计权，每次按下后荧幕后方会显示"A"或"C"。本实验中将声级计的"C/A"键调整到 A 计权网络。

3. 设定时间加权"F/S"键

此键可选择快速或慢速反应，每次按下后荧幕后方会显示"FAST"或"SLOW"。本实验中将声级计的"F/S"键调整到"S"挡。

4. 最大值锁定"MAXHLD"键

在测量时按下此键，可使数位式读数值被锁定，显示最大音量值，而条形码会继续显亏目前音量读数值，再按可取消此功能。

5. 设定测量范围"Upper and Down"键

该声级计有三个测量范围，当开启电源时，设在自动换挡状态，此时仪器依照目前音量测量自动调整测量范围。如果设在手动换挡状态，使用"Upper and Down"键来调整测量范围。

六、实验步骤

（1）选取有代表性的测量点。每 3~5 人配置一台声级计，分别进行测量、记录和监视。

（2）将声级计的"F/S"键调整到"S"挡，并按"C/A"键调整到 A 计权网络。读数采用慢挡，每隔 5 s 读一个瞬时 A 声级，连续读取 200 个数据（大约 17 min）。每个测量点测量两组数据。

（3）读数时同时记下车流量（辆/小时），并判断和记录附近主要噪声来源（如工业噪声、建筑施工噪声、社会生活噪声或其他），记录周围的声学环境和天气条件。

七、数据处理

测量结果以等效连续 A 声级和累积百分声级表示。

将每个测点所测得的 200 个数据按从大到小的顺序排列，第 20 个数据为 L_{10}，第 100 个数据为 L_{50}，第 180 个数据即为 L_{90}。

对数据进行分析计算。城市环境噪声分布基本符合正态分布，因此，可直接用近似公式计算等效连续 A 声级和标准偏差值：

$$L_{eq} = L_{50} + \frac{d^2}{60}$$

$$d = L_{10} — L_{90}$$

（5-1）

式中：L_{eq}——等效连续 A 声级；

d——标准偏差值；

L_{50}——测量时间内，50%的时间超过的噪声级，相当于噪声的平均值；

L_{10}——测量时间内，10%的时间超过的噪声级，相当于噪声的峰值；

L_{90}——测量时间内，90%的时间超过的噪声级，相当于噪声的本底值。

八、实验报告应包括的事项

（1）日期、时间、地点及测定人员。

（2）使用仪器型号、编号。

（3）测定时间内的气象条件（风向、风速、雨雪等天气状况）。

（4）测量项目。

（5）测量依据的标准。

（6）测点示意图。

（7）声源及运行工况说明（如交通噪声测量的交通流量等）。

（8）道路交通噪声测量记录表（测 200 个数据），见表 5-1。

（9）测定结果（累积百分声级 L_{10}、L_{50}、L_{90}；测量和计算的等效 A 声级）。

（10）结论（描述周围声学环境，判断测点的主要噪声来源及是否超标）。

表 5-1　道路交通噪声测量记录表

测量点：									
测量时间：　　年　　月　　日　　分									
主要噪声来源：　　　　车流量：									
取样间隔：　　　　采样次数：									
序号	A 声级(dB)	序号	A 声级(dB)	序号	A 声级(dB)	序号	A 声级(dB)	序号	A 声级(dB)
1		2		3		4		5	
6		7		8		9		10	

序号	A 声级（dB）	序号	A 声级（dB）	序号	A 声级（dB）	序号	A 声级（dB）	序号	A 声级（dB）
11		12		13		14		15	
16		17		18		19		20	
21		22		23		24		25	
26		27		28		29		30	
31		32		33		34		35	
36		37		38		39		40	
41		42		43		44		45	
46		47		48		49		50	
51		52		53		54		55	
56		57		58		59		60	
61		62		63		64		65	
66		67		68		69		70	
71		72		73		74		75	
76		77		78		79		80	
81		82		83		84		85	
86		87		88		89		90	
91		92		93		94		95	
96		97		98		99		100	
101		102		103		104		105	
106		107		108		109		110	
111		112		113		114		115	
116		117		118		119		120	
121		122		123		124		125	
126		127		128		129		130	
131		132		133		134		135	
136		137		138		139		140	
141		142		143		144		145	
146		147		148		149		150	

续表

序号	A 声级 （dB）	序号	A 声级 （dB）	序号	A 声级 （dB）	序号	A 声级 （dB）	序号	A 声级 （dB）
151		152		153		154		155	
156		157		158		159		160	
161		162		163		164		165	
166		167		168		169		170	
171		172		173		174		175	
176		177		178		179		180	
181		182		183		184		185	
186		187		188		189		190	
191		192		193		194		195	
196		197		198		199		200	

实验 5.2　城市区域环境振动监测

过量的振动会对人体的健康产生损害，使人不舒适、疲劳，甚至导致人体损伤，也会使机器、设备和仪表不能正常工作。另外，振动将形成噪声源，以噪声的形式影响或污染环境。

一、实验目的

（1）掌握振动测量仪的使用方法。
（2）掌握城市区域环境振动的测量方法。

二、实验仪器

振动测量仪。

三、测量条件

（1）测量时振动源应处于正常工作状态。

（2）测量时应避免影响环境振动测量值的其他环境因素，如剧烈的温度梯度变化、强电磁场、强风、地震或其他非振动污染源引起的干扰。

四、振动测量仪使用方法

（1）将传感器垂直放置于被测点地面上（密实、平整地面）。

（2）频率计权开关置于"Z"位置，测量方式开关置于"MEAS"（Measure）位置。

（3）清除内存数据：按"RESET"+"RUN"，然后依次释放"RESET"和"RUN"。

（4）设置测量时间：连续按"TIME"键，依次是"Man"（手动）10 s→1 min→5 min→10 min→15 min→20 min→1 h→8 h→24 h→24 hTime（整时）→日期输入方式→Man。

对于稳态振动，测量时间不小于 5 s；对于无规则振动，测量时间不小于 5 min；对于列车通过时的振动或冲击振动，应选 Man。

（5）测量：按"RUN"开始测量。对于自动测量，直到屏幕左端显示"Pause"；对于手动测量，按"Pause"键停止测量。

（6）读数：按"Mode"键读数。数据依次显示 VL_{eq}—SD—VL_{90}（先显示 90，再显示 VL_{90}）→VL_{50}（先显示 50，再显示 VL_{50}）→VL_{10}（先显示 10，再显示 VL_{10}）→VL_{min} 先显示 0000，再显示 VL_{min}）→VL_{max}（先显示 9999，再显示 VL_{max}）→VL_{eq}。对于稳态振动，读取 VL_{eq}；对于无规则振动，读取 VL_{10}；测量列车通过时的振动或冲击振动时，读取 VL_{max} 值。

（7）关机：把电源开关设置于"OFF"。

五、测量步骤

1. 测量位置

测点置于各类区域建筑物室外 0.5 m 以内振动敏感处。必要时，测点置于建筑物室内地面中央。

2. 振动测量仪的安装

确保振动测量仪平稳地安放在平坦、坚实的地面上，避免置于如地毯、草地等松软的地面上。振动测量仪的灵敏度主轴方向与测量方向一致。

3. 稳态振动的测量

每个测点测量一次，取 5 s 内的平均示数作为评价量。

4. 冲击振动的测量

取每次冲击过程的最大示数为评价量。对于重复出现的冲击振动，以 10 次读数的算术平均值为评价量。

5. 无规则振动的测量

每个测点等间隔地读取瞬时示数。采样间隔不大于 5 s，连续测量时间不小于 1000 s，以测量数据的 VL_{z10} 值为评价量。

6. 铁路振动的测量

读取每次列车通过过程中的最大示数，每个测点连续测量 20 次，以 20 次读数的算术平均值为评价量。

六、数据处理

按照测量类型的不同，记录相应的测量值（铅垂向 Z 的振级），并记入表 5-2～表 5-4 中。测量交通振动时，应记录车流量。

表 5-2　环境振动测量中稳态或冲击振动测量记录表

测量地点		测量日期		
测量仪器		测量人员		
振源名称及型号		振动类别	稳态	
			冲击	
测点位置图示		地面状况		
		备注		

数据记录 VL_z/dB

编号	1	2	3	4	5	6	7	8	9	10	平均值

表 5-3　环境振动测量中无规则振动测量记录表

测量地点		测量日期	
测量仪器		测量人员	
取样时间		取样间隔	
主要振源			
测点位置图示		地面状况	
		备注	

数据记录 VLz/dB

编号	1	2	3	4	5	6	7	8	9	10	11	12	13	14	15	16	17	18	19	20
1																				
2																				
3																				
4																				
5																				
6																				
7																				
8																				
9																				
10																				
处理结果																				

表 5-4　环境振动测量中铁路振动测量记录表

测量地点		测量日期	
测量仪器		测量人员	
测点位置图示		地面状况	
		备注	

数据记录 VLz/dB

序号	时间	客/货机车	上行/下行	VLz	序号	时间	客/货机车	上行/下行	VLz
1					4				
2					5				
3					6				

续表

序号	时间	客/货机车	上行/下行	VLz	序号	时间	客/货机车	上行/下行	VLz
7					14				
8					15				
9					16				
10					17				
11					18				
12					19				
13					20				
处理结果									

实验 5.3　环境电磁辐射监测

电场和磁场的交互变化产生的电磁波向空中发射或泄露的现象,叫电磁辐射。电磁辐射是以一种看不见、摸不着的特殊形态存在的物质。人类生存的地球本身就是一个大磁场,它表面的热辐射和雷电都可产生电磁辐射,太阳及其他星球也从外层空间源源不断地产生电磁辐射。围绕在人类身边的天然磁场、太阳、家用电器等都会发出强度不同的辐射。电磁辐射是物质内部原子、分子处于运动状态的一种外在表现形式。

一、实验目的和要求

（1）掌握电磁辐射测量仪的使用方法。
（2）掌握环境电磁辐射监测方法。

二、实验仪器

电磁辐射测量仪。

三、测量条件

（1）测量时间：根据测量目的,在相应的电磁辐射高峰期确定测量时间。每次测量间隔时间为 1 h,观察时间不应小于 15 s,若测量读数起伏较大,则应适当延长测量时间。

（2）测量高度：一般取离地面 1.5～2 m 高度，也可根据不同目的选取测量高度。

（3）测量频率：取电场强度测量值>50 dBV/m 的频率作为测量频率。测量前应估计最大场强值，以便选择测量设备。测量设备应符合所测对象在频率、量程、响应时间等方面的要求，以保证测量的准确。

（4）测量时的环境条件、气候条件应符合行业标准和仪器标准中规定的使用条件。测量记录表应注明环境温度、相对湿度。

（5）测量点位置的选取应考虑使测量结果具有代表性，不同的测量目的应考虑不同的测量方案。

（6）测量时必须获得足够的数据量，以保证测量结果准确可靠。

（7）对固定辐射源进行测量，应设法避免或尽量减少周边偶发的其他辐射源的干扰，对不可避免的干扰估计其对测量结果可能产生的最大误差。

四、测量步骤

（1）典型辐射源测量布点。

对典型辐射体，比如某个电视发射塔周围环境实施监测时，以辐射体为中心，按间隔 45°的八个方位为测量线，每条测量线上选取距场源分别为 30、50、100 m 等不同距离定点测量，测量范围根据实际情况确定。

（2）一般环境电磁辐射测量布点。

对整个城市电磁辐射测量时，根据城市测绘地图，将全区划分为 1 km×1 km 或 2 km×2 km 小方格，取方格中心为测量位置。

（3）实验室内环境辐射测量布点。

布设 9 个监测点，其距离地面垂直高度 1.5～2.0 m，水平位置分别为：①房间正中央；②同一水平高度，以房间中央为圆心，1.5～2.0 m 为半径的圆周上等距分布的 8 个点。此 9 个点与实验室内任一辐射源（计算机、微波炉）距离 0.5 m 以上，从而使监测值为环境电磁波强度。

（4）按上述方法布点后，应对实际测点进行考察：考虑地形地物影响，实际测点应避开高层建筑物、树木、高压线及金属结构等，尽量选择空旷地方测试。允许对规定测点进行调整，测点调整最大为方格边长的 1/4，对特殊地区方格允许不进行测量。

五、数据处理

记录多个监测点多次测量的电场强度测量值（表 5-5），计算平均值，并将其作为环境电磁辐射强度。

表 5-5 环境电磁辐射测量记录表

测量地点		测量日期	
测量仪器		测量人员	
环境温度		相对湿度	
主要辐射源			

数据记录（电场强度，V/m）

编号	1	2	3	4	5	6	7	8	9	10
1										
2										
3										
4										
5										
6										
7										
8										
9										
处理结果										

第二篇　综合设计性实验

综合性实验一　城市河流水环境质量调查及监测

一、问题的来源

对学校所在城市水域进行环境评价的实验为综合性实验，其内容包括：在欲监测环境内进行布点和采样；测定 pH、色度、COD、NH_3-N 和亚硝酸盐浓度；评价监测水质的质量。

二、实验目的和要求

（1）根据实验内容，拟出实验方案和操作步骤。

（2）根据布点采样原则，选择适宜方法进行布点，确定采样频率及采样时间，掌握测定水中 pH、色度、COD、NH_3-N 和亚硝酸盐的采样和监测方法。

（3）选择质量评价模型，描述水质质量状况。

（4）根据分析影响测定准确度的因素及控制方法。

三、组织和分工

基础调查是一项工作量大、涉及面广的工作，需要组织 10 人左右，成立一个小组，讨论分工，形成一个完整的调研团队。

四、调查方案的制订

（1）现场初步调查：确定调查范围，河流长度，河流的对照断面、控制断面及削减断面点位，并作标记。确定河流两岸控制区域范围，说明理由。

（2）制订监测方案：除常规监测指标（pH、氨氮、硝酸盐、亚硝酸盐、挥发酚、氰化物、大肠菌群，以及反映本地区主要水质问题的其他指标）以外，考虑是否需要增加控制指标（与开发地区功能有关）。

（3）河流断面测定：采用低速流速仪，在断面处测定河流的宽度和深度，画出河流断面图。

（4）列出测定深度及位点（事先画好图），以及测定流量的方法。测定位置可以在固定的桥上，也可以在船上，必须制订固定船位置的方法。

（5）采样仪器、设备的清单列表及准备。

五、方案的实施

按计划和分工实施监测，如现场发现问题，按预案或者实际情况进行调整。采样在现场固定，带回实验室及时分析，进行实验室质量控制，分析、整理数据，分析及讨论。

六、报告的编写

按照环境保护部有关环境评价导则的要求，编写一份完整的河流环境质量报告书。

综合性实验二　城市区域空气质量监测及评价

在对学校所在城市空气主要污染来源进行分析的基础上，在工业区、商业区和生活居住区任选一区域单位作为研究对象，对空气质量状况进行监测和评价。要求用 SO_2、O_3、NO_2、TSP 四项主要污染物指标计算空气污染指数（API），表征空气质量状况。

一、实验目的和要求

（1）监测并评价某一区域的空气质量。

（2）在现场调查的基础上，根据布点采样原则，选择适宜的布点方法（功能区布点法或者网格布点法），确定采样频率及采样时间，掌握测定空气中 SO_2、O_3、NO_2、TSP（瞬时和日平均浓度）的采样和监测方法。

（3）基于三项污染物监测结果，计算空气污染指数（API），描述和评价该区域空气质量状况，结合现场调查的情况予以进一步说明。

（4）过程中实施实验室质量控制（质量控制图或密码样品控制），有条件的实施质量保证体系。

二、组织和分工

根据学生人数进行分组，成立监测小组，每组 5～10 人，进行任务分工，在现场调查的基础上制订监测计划预案及可能发生情况的应变预案，准备领取或采购仪器、试剂、交通工具，配制试剂和调试仪器等，以上各项工作需形成文件（纸质或电子版）。

三、测定方法的选择

测定空气中 SO_2、O_3、NO_2、TSP 日均浓度（瞬时和日平均浓度）的方法有多种，研究性监测可以进行选择，比较各种方法的特点、限制条件、仪器和试剂要求、测定的浓度范围、灵敏度、准确度等。

监测过程需全程记录，包括测定数据、参加人员及分工、环境条件等。

本实验为综合性实验，其内容包括：进行布点和采样；测定 SO_2、O_3、NO_2、

TSP 日均浓度；计算空气污染指数（API）。

通过本实验，学生能够独立完成以下工作：

（1）根据实验内容，拟出实验方案和操作步骤。

（2）根据布点采样原则，选择适宜方法进行布点，确定采样频率及采样时间，掌握测定空气中 SO_2、O_3、NO_x、TSP 的采样和监测方法。

（3）根据四项污染物监测结果，计算空气污染指数（API），确定首要污染物、空气质量类别和空气质量状况。

（4）分析影响测定准确度的因素及控制方法。

四、现场采集的实验室监测

按计划现场采集，注意天气情况。需进行的工作包括：样品保存、运输、记录；实验室交接，分析，实验室质量控制，数据处理和分析。

五、监测报告的编写

监测报告的内容至少包括：任务来源、监测目的、现场调查、组织和人员分工、监测计划制订、准备工作、计划实施、质量保持（或实验室质量控制）、采样、样品保持和运输、实验室分析、数据处理、区域环境质量状况结论等。

六、总结

要求每个参加监测的人员总结心得体会和建议。所有资料、文件装订成册并归档，作为教学资料供参考。

综合性实验三　校园声环境质量现状监测与评价

一、实验目的

（1）通过本实验使学生熟悉区域环境昼间噪声现状监测的全过程，包括熟悉噪声监测方案的制订过程和方法、学会监测位点的布设和优化等。

（2）掌握声级计的使用方法。

（3）掌握声环境质量标准的检索和应用。

（4）根据监测数据和声环境质量标准评价声环境质量现状。

二、实验仪器

（1）声级计。

（2）标准声源。

（3）秒表。

三、实验要求

（1）能够根据监测对象的具体情况优化布设监测点位，选择监测时间和监测频率，制订监测方案。

（2）能够掌握声级计的使用方法并用标准声源对其进行校准。

（3）能采用正确的方法对实验数据进行处理，根据监测报告的要求给出监测结果。

（4）学会环境质量标准的检索和应用，并根据监测结果对监测对象进行环境质量评价。

（5）独立编制监测报告（评价报告）。

四、实验内容

（1）学生进行噪声背景资料收集，包括资料查阅与监测方案的设计。查阅文献了解国内校园噪声监测现状与噪声污染危害，调查校园噪声源及其噪声规律，包括建筑设施等情况。由小组长组织同学制订详细、周全、可行的监测方案，画出校园平面布置图并标出监测点位。

（2）按照监测方案在各监测点位上监测昼、夜噪声瞬时值并记录。

监测方案的实施：同学掌握仪器的使用方法，测量前后均用标准噪声源对噪声计进行校准。读数方式慢挡，每 5 s 读一个瞬时 A 声级，连续读取 200 个数据，同时判断和记录附近的主要噪声来源。全部区域测量完毕，再按次序循环进行第二轮测量。

（3）进行数据处理，绘制噪声污染图，编写报告书，可用 Excel 或 Origin 等处理软件计算等效声级。将测量到的连续等效 A 声级按照 5dB 一档分级，绘图表示该区域噪声污染情况。在此同时，教师要指导学生查阅相关资料，了解学习噪声评价的方法、报告书的格式。

（4）查阅我国现行《声环境质量标准》（GB 3096—2008），根据监测结果，对监测数据进行处理，给出校园声环境质量现状值。

（5）汇报与讨论，并根据监测结果评价校园声环境质量现状。

五、实验步骤

（1）监测布点：班级分为若干个小组，总共网格布点选取六个监测点（监测点分布见校园平面图），每组分配 3 个任务点。

（2）测量：测量时应选在无雨、无雪的天气进行。测量时间同城市区域环境噪声要求一样，一般在白天正常工作时间内进行测量。每隔 5 秒记一个瞬时 A 声级（慢响应），连续记录 200 个数据。测量的同时记录附近主要噪声来源（如交通噪声、施工噪声、工厂或车间噪声、锅炉噪声……）和天气条件。

（3）数据处理：测量结果一般用统计噪声级和等效连续 A 声级来表示。将每个测点所测得的 200 个数据按从大到小顺序排列，第 20 个数据即为 L_{10}，第 100 个数据即为 L_{50}，第 180 个数据即为 L_{90}。求出等效声级 Leq，再将该网点一整天的各 Leq 值求出算术平均值，作为该网点的环境噪声评价量。$Leq \approx L_{50} + d^2/60$，$d = L_{10} - L_{90}$。

六、实验注意事项

室外测量时声级计的传声器上应加防风罩；传声器应距离地面不小于 1.2 m；测量应在无雨、无雪的天气中进行，风力为 5.5 m/s 以上时停止测量。

若测量点靠近树木、建筑墙等不宜测量处应移开距离至少 1 m 以上；

要防止测量时的读数噪声干扰。

七、思考题

外界条件对噪声测量结果有什么影响？

附录一 实验室安全规则

实验中，经常会使用腐蚀性、易燃、易爆或有毒的化学试剂，大量使用易损的玻璃仪器和一些精密分析仪器，以及水、电等。为确保实验的正常进行和实验人员的人身安全，必须严格遵守实验室的安全规则：

1. 实验室内严禁饮食、吸烟，一切化学品和器皿禁止入口。

2. 严禁用湿润的手去接触电闸和电器开关。

3. 浓酸、浓碱具有强烈腐蚀性，操作时尽量不要溅到皮肤和衣物上。使用浓 HNO_3、HCl、H_2SO_4、$HClO_4$、氨水时，均应在通风橱中操作。

4. 使用 CCl_4、乙醚、苯、丙酮、三氯甲烷等有机溶剂时，一定要远离火焰和热源。使用完毕应将试剂瓶塞紧，于阴凉处存放。

5. 如发生烫伤，应在烫伤处抹上治烫伤软膏。严重者应立即送医院治疗。

6. 实验室如发生火灾，应根据起火原因进行针对性灭火，并根据火情决定是否向消防部门求救和报告。

7. 实验室应保持整齐、干净。不能将毛刷、抹布等放在水槽中。禁止将固体物、玻璃碎片等扔到水槽内，以免造成下水道的堵塞。

附录二 化学试剂规格

试剂级别	中文名称	英文名称	标签颜色	主要用途
一级	优级纯	GR	深绿色	精密分析实验
二级	分析纯	AR	红色	一般分析实验
三级	化学纯	CP	蓝色	一般化学实验
生化试剂	生化试剂	BR	咖啡色	生物化学实验
	生物染色剂			

附录三 常用化合物的相对分子质量

分子式	相对分子质量	分子式	相对分子质量
AgBr	187.77	KOH	56.106
AgCl	143.32	K_2PtCl_6	486.00
AgI	234.77	KSCN	97.182
$AgNO_3$	169.87	$MgCO_3$	84.314
Al_2O_3	101.96	$MgCl_2$	95.211
As_2O_3	197.84	$MgSO_4 \cdot 7H_2O$	246.48
$BaCl_2 \cdot 2H_2O$	244.26	$MgNH_4PO_4 \cdot 6H_2O$	245.41
BaO	153.33	MgO	40.304
$Ba(OH)_2 \cdot 8H_2O$	315.47	$Mg(OH)_2$	58.320
$BaSO_4$	233.39	$Mg_2P_2O_7$	222.55
$CaCO_3$	100.09	$Na_2B_4O_7 \cdot 10H_2O$	381.37
CaO	56.077	NaBr	102.89
$Ca(OH)_2$	74.093	NaCl	58.489
CO_2	44.010	Na_2CO_3	105.99
CuO	79.545	$NaHCO_3$	84.007
Cu_2O	143.09	$Na_2HPO_4 \cdot 12H_2O$	358.14
$CuSO_4 \cdot 5H_2O$	249.69	$NaNO_2$	69.000
FeO	71.844	Na_2O	61.979
Fe_2O_3	159.69	NaOH	39.997
$FeSO_4 \cdot 7H_2O$	278.02	$Na_2S_2O_3$	158.11
$FeSO_4 \cdot (NH_4)_2SO_4 \cdot 6H_2O$	392.14	$Na_2S_2O_3 \cdot 5H_2O$	248.19
H_3BO_3	61.833	NH_3	17.031
HCl	36.461	NH_4Cl	53.491
$HClO_4$	100.46	NH_4OH	35.046
HNO_3	63.013	$(NH_4)_3PO_4 \cdot 12MoO_3$	1876.4
H_2O	18.015	$(NH_4)_2SO_4$	132.14

续表

分子式	相对分子质量	分子式	相对分子质量
H_2O_2	34.015	$PbCrO_4$	321.19
H_3PO_4	97.995	PbO_2	239.20
H_2SO_4	98.080	$PbSO_4$	303.26
I_2	253.81	P_2O_5	141.94
$KAl(SO_4)_2 \cdot 12H_2O$	474.39	SiO_2	60.085
KBr	119.00	SO_2	64.065
$KBrO_3$	167.00	SO_3	80.064
KCl	74.551	ZnO	81.408
$KClO_4$	138.55	CH_3COOH（醋酸）	60.052
K_2CO_3	138.21	$H_2C_2O_4 \cdot 2H_2O$	126.07
K_2CrO_4	194.19	$KHC_4H_4O_6$ （酒石酸氢钾）	188.18
$K_2Cr_2O_7$	294.19	$KHC_8H_4O_4$ （邻苯二甲酸氢钾）	204.22
KH_2PO_4	136.09	$K(SbO)C_4H_4O_6 \cdot 1/2H_2O$ （酒石酸锑钾）	333.93
$KHSO_4$	136.17		
KI	166.00	$Na_2C_2O_4$（草酸钠）	134.00
KIO_3	214.00	$NaC_7H_5O_2$（苯甲酸钠）	144.11
$KIO_3 \cdot HIO_3$	389.91	$Na_3C_6H_5O_7 \cdot 2H_2O$ （枸橼酸钠）	294.12
$KMnO_4$	158.03	$Na_2H_2C_{10}H_{12}O_8N_2 \cdot 2H_2O$（EDTA 二钠盐）	372.24
KNO_2	85.100		

附录四　常用酸碱溶液的浓度及其配制

溶液	密度/（g/cm³）	质量分数/%	物质的量浓度/（mol/L）	配制
浓盐酸	1.19	38	12	
稀盐酸	1.10	20	6	浓盐酸：水=1:1（体积比）
稀盐酸	1.0	7	2	6 mol/L 盐酸：水=1:2（体积比）
浓硫酸	1.84	98	18	
稀硫酸	1.18	25	3	稀硫酸：水=1:5（体积比）
稀硫酸	1.06	9	1	3 mol/L 硫酸：水=1:2（体积比）
浓硝酸	1.41	68	16	
稀硝酸	1.2	32	6	浓硝酸：水=8:9（体积比）
稀硝酸	1.1	12	2	6 mol/L 硝酸：水=3:5（体积比）
冰醋酸	1.05	99.8	17.5	
稀乙酸	1.04	35	6	冰醋酸：水=27:50（体积比）
稀乙酸	1.02	12	2	6 mol/L 醋酸：水=1:2（体积比）
浓氨水	0.91	28	15	
稀氨水	0.96	11	6	浓氨水：水=2:3（体积比）
稀氨水	1.0	3.5	2	6 mol/L 氨水：水=1:2（体积比）
浓氢氧化钠	1.44	41	14.4	
稀氢氧化钠	1.1	8	2	氢氧化钠 80 g/L
石灰水		0.15	0.02	饱和石灰水澄清液

附录五　常用基准物质及干燥

基准物质		干燥后组成	干燥条件 $t/\,℃$	标定对象
名称	分子式			
碳酸钠	$Na_2CO_3 \cdot 10H_2O$	Na_2CO_3	$270\sim300$	酸
硼砂	$Na_2B_4O_7 \cdot 10H_2O$	$Na_2B_4O_7 \cdot 10H_2O$	放在含 NaCl 和蔗糖饱和液的干燥器中	酸
邻苯二甲酸氢钠	$KHC_8H_4O_4$	$KHC_8H_4O_4$	$110\sim120$	碱
重铬酸钾	$K_2Cr_2O_7$	$K_2Cr_2O_7$	$140\sim150$	还原剂
溴酸钾	$KBrO_3$	$KBrO_3$	130	还原剂
碘酸钾	KIO_3	KIO_3	130	还原剂
草酸钠	$Na_2C_2O_4$	$Na_2C_2O_4$	130	氧化剂
硝酸银	$AgNO_3$	$AgNO_3$	$280\sim290$	氯化物

附录六　特殊要求纯水的制备

在分析某些指标时，对分析过程中所用纯水中的该指标含量愈低愈好，这就需要特殊的制备方法。

（一）无氨水

向水中加入硫酸，使其 pH<2，并使水中各种形态的氨或胺最终都变成不挥发的盐类，收集馏出液（注：应防止空气中氨的污染），即可得到无氨水。

（二）无二氧化碳水

（1）煮沸法。将蒸馏水或去离子水煮沸至少 10 min（水多时），或者使水量蒸发 10%以上（水少时），加盖放冷即可。

（2）曝气法。将惰性气体或纯氮通入蒸馏水或去离子水至饱和即可。

（三）无酚水

（1）加碱蒸馏法：向水中加入氢氧化钠至 pH=11，使水中酚生成不挥发的酚钠后进行蒸馏，收集馏出液，即可得到无酚水。

（2）活性炭吸附法：将粒状活性炭加热至 150～170 ℃烘烤 2 h 以上进行活化，放入干燥器内冷却至室温后，装入预先盛有少量水的层析柱中（避免碳粒间存留气泡），使蒸馏水或去离子水缓慢通过柱床，按柱容量大小调节其流速，一般以每分钟不超过 100 mL 为宜。开始流出的水需要再次返回柱中，然后正式收集。此柱所能净化的水量，一般约为所用碳粒表面容积的 1000 倍。

（四）不含有机物的蒸馏水

加入少量高锰酸钾的碱性溶液于水中，使之呈紫红色，再进行蒸馏（注：在整个蒸馏过程中水应始终保持紫红色，否则应随时补充高锰酸钾），收集馏出液，即可得到不含有机物的蒸馏水。

附录七　环境监测实验准备方案参考模板

实验名称			
组长		同组人员	
实验日期		准备时间段	

实验一、实验准备
1. 试剂配制及分装

2. 仪器准备

3. 样品采集

（1）采样时间

（2）采样地点

（3）采样人员安排

（4）交通工具

（5）采样工具准备

4. 准备工作时间安排

指导老师意见：

日期：　　　年　　　月　　　日

注：每个实验安排一组同学进行实验准备工作；每个实验前一周做好实验准备方案，并提交指导老师审核签字。

环境监测实验报告

学号：

姓名：

（学校）

二〇一六年

实验名称					
姓名		同组人员			
实验日期		地点		实验成绩	

　1. 实验目的和要求

　2. 实验原理

3. 实验仪器与试剂

4. 操作步骤

5. 数据记录和处理

6. 实验小结、问题讨论、实验体会

指导老师评语：